INTERNATIONAL ENERGY AGENCY

INSIGHTS SERIES 2016

Ready for CCS retrofit

The potential for equipping China's existing coal fleet with carbon capture and storage

[中国燃煤电厂碳捕集与封存（CCS）改造潜力评估]

中文版

樊静丽　鲍　雪　译

北　京
冶　金　工　业　出　版　社
2019

译者的话

气候变化问题已成为国际社会关注的焦点，全球大多数国家已采取相关行动以减缓和适应气候变化。碳捕集与封存（carbon capture and storage，CCS）技术能够实现高碳能源低碳利用，是实现大规模减排目标的有效手段。联合国政府间气候变化专门委员会（IPCC）于2018年发布《IPCC全球升温1.5℃特别报告》指出，为将本世纪全球气温上升控制在前工业化时期水平之上1.5℃以内，几乎所有的减排路径均在一定程度上依赖CCS等碳移除技术。

中国政府一直积极关注并推动CCS技术的发展，并在CCS技术研发领域持续投资。截至2018年底，中国已在电力、煤化工等不同领域部署20余个CCS项目。其中，中石油吉林油田CO_2-EOR项目注入规模在2018年达到60万吨/年，成为中国运行的第一个大型CCS项目。《能源生产和消费革命战略（2016-2030）》指出要深入研究具有经济性的全收集全处理的碳捕集、利用与封存技术。在2018年举行的第八届清洁能源部长级会议（CEM8）和第二届创新使命部长级会议（MI2）上，CCS技术被纳入到行动倡议中，同时碳捕集技术被视为八大创新挑战之一。

目前，CCS技术仍处于示范阶段，尚不具备大规模商业化推广的条件。尽管中国以煤为主的能源结构为CCS技术的应用提供了产业基础，但未来CCS技术能否在中国实现大规模商业化推广仍面临不确定性，部署的领域、区域和规模也还需考虑政策、技术、经济等多重因素的影响。

经与国际能源署（International Energy Agency，IEA）协商，我们将《中国燃煤电厂碳捕集与封存（CCS）改造潜力评估》（原文名称：Ready for CCS retrofit：The potential for equipping China's existing coal fleet with carbon capture and storage）翻译成中文介绍给大家。

本书探讨了中国燃煤发电厂未来 CCS 技术改造的相关要素和条件。根据本书提出的一套重要准则，结合成本评估，评选出了中国电力企业联合会现有成员单位中最具改造潜力的燃煤电厂；并根据中国燃煤电厂现状，向中国企业和政府提出了相关的策略与政策建议。IEA 作为著名的国际组织，在推动全球 CCS 技术的发展与应用方面一直扮演着重要角色，期望本书能够帮助更多人了解 CCS 技术改造。

本书的翻译由樊静丽、鲍雪负责总体设计、组织、策划和统稿，许毛、魏世杰、申硕等参与并完成了相关章节的翻译工作。中国矿业大学（北京）能源与矿业学院可持续发展与能源政策研究中心全体成员参与了部分章节的讨论和校对工作。

由于译者水平所限，书中不妥之处，敬请广大读者批评指正。

译　者

2019 年 10 月

目　　录

致　　谢

本书是国际能源署（IEA）和中国电力企业联合会（CEC）联合分析项目的最终成果。中国科学院（CAS）也提供大量帮助。科学技术部（MOST）下属的中国21世纪议程管理中心（ACCA21）积极推动了这一过程。

CEC提供了下属燃煤电厂的详细数据，用于分析可能的改造方案。同时感谢CEC领导柴晓军对整个分析工作提供的建设性意见。

中国科学院岩石力学研究所对中国CO_2封存方案进行分析，并对燃煤电厂与潜在的封存地点的源汇匹配做出了积极贡献。同时感谢李小春和魏宁在整个项目进行过程中提供的分析和建议。

ACCA21的张九天和张贤对分析工作和成员联系做出了重要贡献，并提供了建议。在此项目及多年来其他各种项目上与我们一直紧密合作，对此深表感谢。

本书的主要作者是IEA的Simon Bennett，IEA CCS部门的Sean McCoy、Dennis Best、Tristan Stanley、Samantha McCulloch和Wolf Heidug及IEA气候变化部门的Matthew Gray对本书提出了意见和建议。CCS部门负责人Juho Lipponen和能源环境部门主管Philippe Benoit提供了重要指导。Luis Munuera帮助绘制了地图。从ACCA21借调到IEAETP部门的谢茜对本书进行了校对。IEA出版和印刷部门也对本书提供了帮助，并确保了最终出版。

IEA洁净煤中心的Andrew Minchener，爱丁堡大学的Jon Gibbins、梁希和Mathieu Lucquiaud，中英（广东）CCUS中心的李佳，IEAGHG的John Davison和太平洋西北国家实验室的Robert Dahowski给本书提供了重要意见和建议。

执行摘要

应用碳捕集与封存技术（CCS）对中华人民共和国（以下简称“中国”）的燃煤电厂进行改造是**一次重大机遇**，可以带来显著的减排效益。据估计，中国总共约有310吉瓦（GW，GW = 10^6kW）的燃煤电厂符合CCS改造的基本标准，随着新的高效的电厂在未来几年内投产，这一数字可能会增加。本书表明，无论在低排放路径中对改造需求有多高，燃煤电厂都有充足的潜力。

作为全球可再生能源发电的领导者和全球最大的能源相关二氧化碳（CO_2）排放国，2014年中国的排放量约为86亿吨。其中，大约一半的排放来自燃煤发电厂。中国目前约有900GW的燃煤发电装机容量，约占全球产能的50%，此外还有约200GW的产能处在建设过程中。即使有一小部分可能提前退役，仅考虑中国现有的燃煤发电厂，如果在其剩余的服务年限里继续按照当前的负荷运转，也会产生**850亿吨CO_2**的潜在排放。尽管有如此巨大的排放量，但由于其中2/3的机组是2005年以来建成的，所以中国燃煤发电行业的平均水平在全球范围内还算是相对高效的。实际上，中国煤炭行业的平均运作效率在过去的十年内提高了6个百分点，已经达到了经济合作与发展组织（OECD）国家的平均水平。

根据中国向联合国气候变化框架公约（UNFCCC）秘书处提交的“国家自主贡献预案（INDC）”，中国已承诺CO_2排放量在**2030年前后达到峰值**。中国燃煤电厂的持续排放对温室气体排放达峰目标带来了前所未有的挑战。目前，中国地方政府已经在积极采取政策控制煤炭使用，这使得电力低碳化以及电厂升级改造更具前景。

对现有燃煤电厂进行CCS改造已初步形成一个局部解决方案，该方案可以降低约85%的排放率。配备CCS技术的燃煤电厂，其CO_2排放低于联合循环燃气电厂的1/4。在最好的情况下，为一个电厂配备CCS技术，仅仅需要对CO_2捕集、运输和封存的设备进行投资，而不需对电厂本身投资；在其他的情况下，电厂在进行CCS改造的同时可以进行电厂升级，为电厂额外提供几十年的寿命。在这两种情况下，CCS 改造都不需要淘汰电厂的产能，亦或对产能进行限制。与新型的低碳发电技术相比，CCS 技术改造是一个经济实惠的选择。

在国际能源署（IEA）450 情景中，到 2035 年中国将有约 185GW 的燃煤电厂装机进行 CCS 技术改造，旨在为全球地表平均温度的上升幅度长期控制在 2℃以内提供 50%的可能性。根据本文的分析结果，对中国的燃煤电厂进行上述这种程度的**改造似乎是可行的**。

本文探讨了中国所有燃煤发电厂未来 CCS 技术改造的相关因素和条件。本文采用了**一些重要标准**来分析中国电力企业联合会（CEC）成员单位的电厂，并识别其改造潜力。

与 CO_2 封存地的距离是在对电厂进行 CCS 改造评估时所参照的一个关键性指标。对于电厂来说，邻近一个合适的封存地对其改造和运行成本起着至关重要的作用。具有较高运输和封存成本的电厂通常不是 CCS 改造的最佳候选者。本书的分析结果表明，装机容量约 385GW 的燃煤电厂能够在 250km 范围内找到一个合适的 CO_2 封存地。但在某些特殊情况下，较长的 CO_2 运输距离可能也会具有吸引力。

其他的**适宜性标准**涉及燃煤电厂本身的特征，包括电厂寿命、规模、负荷系数以及当地的污染控制措施等在内的标准将决定电厂是否有可能成为 CCS 改造候选者。共有 310GW 的装机容量满足这些标准，适合进行 CCS 改造。电厂规模是至关重要的因素，因为一些小型电厂很可能由于政策原因在大规模开展 CCS 技术改造前被淘汰。

此外，其他的一些**成本因素**也是评价电厂是否适合进行 CCS 改造的重要标准，主要包括冷却类型、效率、蒸汽轮机设计和污染控制等。这些成本要素，包括运输和封存成本，一方面可以用来对电厂进行排序（根据低排放发电所需要的成本溢价），另一方面还可以用来分析不同电厂属性对改造成本的相对影响。

燃煤电厂的改造成本可能存在显著差异，改造后的额外发电成本为 34~129 美元/MWh。有 100GW 的燃煤电厂的额外发电成本可能低于 50 美元/MWh，这表明在**合理的成本范围内**存在巨大的改造机会。

中国近期已经建造了具备最低改造成本的机组。然而，低成本改造的机组可以是不同条件的组合，包括 CO_2 运输距离的长短、使用无烟煤或褐煤、水冷或空冷、简易改造或蒸汽循环重建改造。上述分析表明，**设置过于严苛的改造标准或阈值并不是明智之举**。相反，在筛选具备 CCS 改造条件的电厂或者制定政策来激励 CCS 技术改造投资时，应该尽量考虑多重因素。

CCS 改造可以给中国的减排带来重大机遇，但需要建立正确的驱动机制。本文根据中国的现有背景，提出了相关的**战略与政策**。中国政府和相关行业需对三个特定领域进行进一步的工作部署和政策倾斜：

1. 将 CCS 纳入中国气候政策中，或保留未来 CCS 改造的选择，因此必须继续分析**CO_2 封存机会**并开发实际的项目级封存场地。

2. 政府和相关行业应该继续推进**技术创新**和成本降低方面的研究，进一步降低 CCS 总成本尤其是改造成本。

3. 最后，由于国家还将不断允许建设新的燃煤电厂，与确保新电厂**CCS 预留**相关的各项事宜将变得更加重要。因此，为了确保改造机会最大化，相关的政策制定者应进一步关注 CCS 预留的推进。就这一点而言，新电厂的位置或许就显得至关重要。

近几年来中国快速扩建了大量的燃煤基础设施。在这种情况下，对现有的燃煤电厂进行 CCS 技术改造既可以继续使用这些燃煤设施，也可以减少 CO_2 排放，所以这对中国来说是一个重大机遇。中国政府和各行业利益相关者需要共同努力，以确保 CCS 技术在未来 20 年里得到应用。同时，还需要采取其他措施来保障能源安全，减少对煤炭的依赖。本书对关键问题进行了初步探讨，并且为更加详尽的电厂层面的评估奠定了基础。中国在向低碳社会的战略转型过程中，与 CCS 改造相关的经济、就业、社会效益及它们之间的权衡也是重要的驱动力，值得进一步考虑。

引　言

全球二氧化碳（CO_2）的减排目标是在未来一定时间内达到峰值，进而降低化石能源的相关排放，但全球电力部门煤炭消费的不断增长为这一目标的实现带来了挑战。燃煤基础设施规模巨大，预计自2000年以来建造的数千吉瓦（GW，GW＝10^6kW）的燃煤电厂将在未来几十年继续生产低成本电力。

在中国这样的国家，煤炭资源丰富、生产成本低并且煤炭的替代能源较少，气候愿景、污染治理目标与能源固有资产之间的矛盾日益加剧。碳捕集与封存技术（CCS）是一项排放控制技术，可通过继续使用化石燃料基础设施，大幅度减少排放来缓解这种紧张局面（第1栏）。国际能源署（IEA）的模型结果显示，对建造时未装配CCS的电厂进行CCS改造在避免气候变化最坏结果的发生方面具有重要作用（第2栏）。但是CCS技术是一个同时具备多种有利条件时才适用的解决方案，包括合适的CO_2封存地。

IEA在2012年对全球能源行业CCS改造潜力的评估中指出，中国的一些CCS改造条件处于世界领先水平。据该研究估计，中国现有超过300GW的装机可能非常适合装配CO_2捕集设备（IEA，2012）。然而，IEA的评估没有考虑影响CCS改造的区域因素，例如政策条件、成本和与CO_2封存地点的距离，这些都是不可忽略的因素。本书旨在为中国燃煤电厂CCS改造潜力评估提供更多的信息。同时，本书也考虑了靠近合适的CO_2封存地的成本影响以及中国燃煤电厂所处的政策环境。此外，本书描述了对电厂进行CCS改造的不同方法，以及吸引CCS改造投资的条件。本书侧重于分析电力行业的改造机会及各种技术和电厂层面的经济因素。中国在向低碳社会的战略转型过程中，与CCS改造相关的经济、就业、社会效益及它们之间的权衡也是重要的考虑因素。

本书是在国际能源署（IEA）和中国电力企业联合会（CEC）的共同努力下合作完成的。同时，中国21世纪议程管理中心（ACCA21）和中国科学院（CAS）也给予了大力支持。

下一部分将结合中国的能源结构和政策环境来阐述本书的研究背景，然后讨论 CCS 改造技术、成本和效益。主体部分首先分析了燃煤电厂适合 CCS 改造的标准，以及满足这些标准的 CEC 电厂所占份额。为了评价这些候选电厂的相对吸引力，本书评估并比较了不同燃煤电厂进行 CCS 改造后所增加的额外发电成本。最后，本书根据分析结果总结了一些主要的政策启示，包括通过技术创新和新建电厂选址来降低成本的重要性，进而最大程度地降低 CCS 改造所带来的额外成本。

第 1 栏 • CCS 技术发电：低排放电力的来源

CCS 涉及以下三个流程的整合：从烟气混合物中分离 CO_2 并压缩成液态（CO_2 捕集）；将 CO_2 运输到合适的封存地点（CO_2 运输）；将 CO_2 注入深层地质结构，利用天然地质构造或工程技术手段将 CO_2 固定在深层地质结构中，并对其进行监控以确保永久封存（CO_2 封存）。与化石燃料相同，CCS 也可和生物质燃料联合使用（BECCS），实现所谓的“负排放”。CCS 几乎可以完全消除电力和工业行业排放的 CO_2，同时允许继续使用化石燃料，这相当于一个资产保护策略，防止这些资产随着低碳经济转型而提前退役。

CCS 在中国主要用于降低能源利用过程如煤化工生产（气化）和燃煤发电的 CO_2 排放（ADB，2015）。目前，首批项目正在计划筹建中，其目标是通过结合煤气化降低 CO_2 的捕集成本，这比燃煤发电厂 CO_2 的捕集成本低很多，并且还可以将 CO_2 用于驱油（EOR），通过石油销售来提高经济效益。EOR 是将 CO_2 注入油田并增加石油产量的过程，可在一定条件下实现 CO_2 的永久地质封存（IEA，2015b）。这些首批项目将为中国政府和企业在未来十年将 CCS 改造活动扩展到煤粉和燃气发电厂提供宝贵经验，其中改造活动包括电厂的 CCS 改造以及 CO_2 咸水层封存。

对于运行中的煤炭、天然气或生物燃料电厂来说，如果它们满足特定标准，则可以进行 CCS 改造。对现有电厂进行 CCS 改造，可以实现新型的低碳发电。对于像中国的这样已经拥有大量燃煤和燃气电厂且预计煤炭价格还将保持相对较低水平的国家，CCS 改造显得至关重要。[1] 中国的国家自主贡献预案（INDC）声明，中国将“加强低碳技术的研发和商业化示范（R&D），如节能技术、可再生能源技术、先进核能发电技术以及碳捕集、利用和封存技术”（NDRC，2015）。

[1] 如果缓解气候变化的相关政策和投资导致全球煤炭需求降低，中国的煤炭进口价格将会更低，这也将驱动 CCS 的长期部署。

到 2015 年底，全球已有 15 个横跨五个领域的大规模 CO_2 捕集项目处于运行中，每年 CO_2 捕集潜力高达 26Mt。在过去五年里，全球在建 CCS 项目的数量尽管增速较慢，但是仍在稳定增长。2016 年或 2017 年早期，还将启动 4～5 个项目。此外，还有十余个项目处于后期规划阶段，其中中国就占据四个项目，分别是中石油吉林油田 EOR 项目（第二阶段）、中石化齐鲁石化 CCS 项目、中石化胜利发电厂 CCS 项目和延长碳捕获与封存集成示范项目。其中，后两个项目将在电厂中应用 CCS 技术。

第 2 栏 • CCS 在全球减缓气候变化中的地位

在 IEA 提出的以最低成本实现将全球平均表面温度稳定在不高于工业化前水平 2℃的情景中，CCS 的部署从 20 世纪 20 年代中期开始增加（图 1）。虽然 CCS 技术不会在所有国家大规模部署，但它是中国、北美、印度和中东地区减缓战略的重要组成部分。如果不采用 CCS 技术，为达到减排目标，其他技术和行业将承担更多的减排压力。CCS 在 WEO 450 情景中对电力行业的影响最为显著。特别是从 21 世纪 20 年代开始，装备 CCS 技术的电厂容量显著增长（年均 20GW），到 30 年代增长更为迅速（年均 50GW）(IEA，2015a)。到 2040 年，全球配备 CCS 技术的电厂容量将达到 740GW，占化石燃料发电总装机容量的 20%。在该情景下，到 2040 年，全球发电的平均 CO_2 排放强度约为 85g CO_2/kWh，相当于未减排时燃煤发电排放强度的十分之一，燃气发电的四分之一。如果没有 CCS 技术，在 450 情景下，燃煤电厂和燃气电厂在发电行业将不会占有太多的市场份额（2040 年燃气发电在总发电量中占 16%，燃煤发电占 12%）。

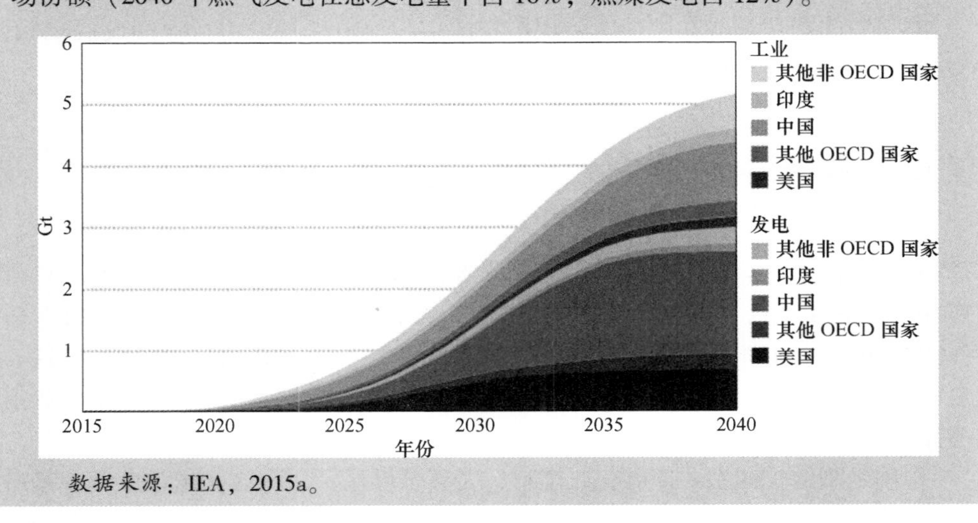

数据来源：IEA，2015a。

中国面临的能源挑战

要 点

煤炭作为中国的主要能源，是中国经济发展的重要组成部分，且中国燃煤电厂的服役时间相对较短。 *对于中国煤电行业来说，亟需解决的问题是碳排放达峰以及降低能源部门的碳排放。*

中国2000年以来建成的部分小型燃煤机组有可能一直运行到21世纪20年代末。 *这是中国扩大燃煤电厂规模并提高其效率的部分原因所在，并且同时将燃煤电厂建在远离于人口密集区的地方。*

从某种程度上来说，如果中国想要继续新建燃煤电厂，那么为了实现 ***中国电力行业碳排放达峰目标就需要对一些现有电厂进行CCS改造或将其关闭。***

近年来中国已经采取了很多重要措施来保护公众及环境不受污染侵害。中国一直在制定政策并采取行动以应对空气质量、自然资源管理和气候变化等问题。2015年6月，中国向联合国气候变化框架公约（UNFCCC）秘书处提交了“国家自主贡献预案”（INDC），提出 CO_2 排放总量在2030年或者更早达到峰值的目标（NDRC，2015）。

本节首先概述煤炭在中国能源供给中的主导地位以及电力行业的发展现状，然后讨论中国在应对环境问题方面的政策发展趋势。

煤炭当前在中国能源供给中占主导地位

在过去的20多年中，中国的一次能源需求增长了3倍多，国内生产总值（GDP）增长了7倍（图1）。发电装机容量从1990年的137GW增长到2012年的1198GW，并且同期的发电量从650TWh增长到5024TWh（IEA，2015d）。这一前所未有的增长伴随着中国经济的转型，使4亿多中国人口摆脱了极端贫困（Wang et al.，2006）。

中国经济的扩张主要依靠化石燃料，尤其是煤炭——中国储量最丰富、最易获取且价格最低廉的化石燃料。化石燃料在一次能源供应总量中的占比从1990

年的76%上升到2012年的88%，而同期煤炭在能源供给中的占比从61%上升到68%。在这一时期内煤炭在发电结构中一直处于稳定的主导地位，2014年其占比为73%。在过去的十年里，全球煤炭需求增长的85%以上来自中国。

图1 • 自1990年以来中国一次能源供应总量和GDP

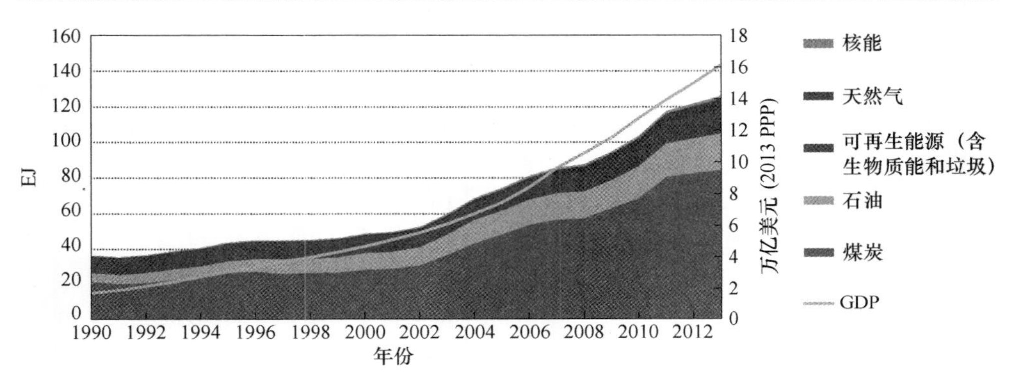

数据来源：IEA统计数据。

燃煤电厂占主导地位

中国燃煤电厂的装机容量从2005年的272GW增长到2015年的约900GW，约占全球煤电产能的45%，另有150～200GW的煤电项目正在建设过程中（CEC，2015；Platts，2015；Global Coal Plant Tracker，2016）。2012年，上述煤电机组装机容量的2/3以上均来自中国电力企业联合会成员单位。本书主要考虑CEC成员单位中2014年1月底仍在运行的且装机容量在200MW以上的燃煤机组，共计560GW（以下简称"CEC电厂"）[1]。2012年和2013年，这些燃煤机组的发电量占全国燃煤发电总量的89%。因此，依据CEC电厂得到的相关结论广泛适用于整个中国煤电行业。例如，根据蒸汽参数划分的中国燃煤机组类型（61%是亚临界，25%是超临界，15%是超超临界）与CEC的燃煤机组构成类型十分吻合。

近年来，CEC电厂的平均效率[2]逐步上升（图2），这主要是因为关闭了许多老旧的、装机容量较小的亚临界电厂，同时又增加了一些装机容量较大的超临界

---

❶ 由于缺少机组层面的信息或者考虑到未来的不确定性，中国2015年在建的68GW煤电产能和406GW的计划产能在本书中不予考虑。

❷ 除非另有说明，所有效率值均指低热值（LHV）效率。

机组。自2005年以来，437GW的燃煤机组开始运行，其中600MW及以上的机组共295GW（占比68%）。受效率损失（电厂以部分负荷运行所引起的）、环境条件变化和中国电网调度顺序等因素的影响，CEC电厂的平均运行效率低于平均设计效率近2个百分点，但其已超过了IEA成员国燃煤电厂运行效率的平均水平。

图2 • 中国煤电行业运行效率上升情况

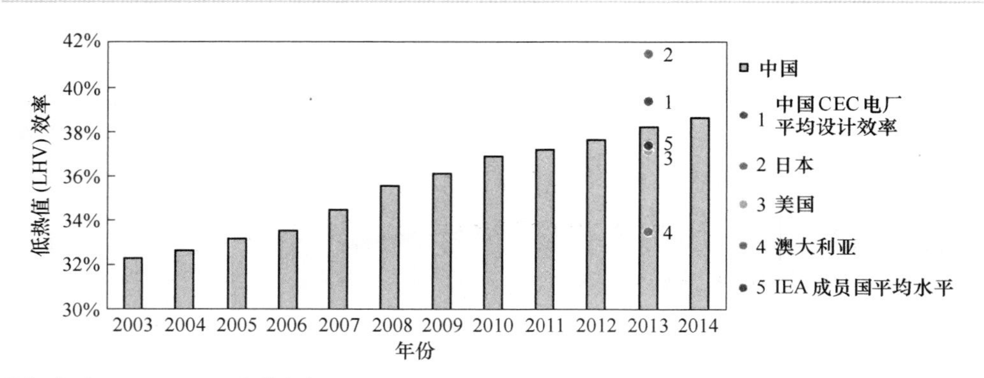

数据来源：CEC；IEA统计数据。

除了提高燃煤电厂的效率外，近年来中国还加大了其他电力来源的比例（表1）。在财政激励措施的推动下，非水可再生能源电力的产能增幅已经创造了新纪录，2014年新增产能29GW，同时非水可再生能源的发电量在总发电量中的占比达到3.4%。由于风能和太阳能的发展一直面临并网安全方面的挑战，加之风电装机容量的快速扩张会导致弃风率显著增加，因此电网运营商更加青睐火力发电（BNEF，2015a）。若能克服以上问题，燃煤发电的占比可能会下降。即便如此，这可能也不会导致不再新增煤电产能，原因在于：

1. 新的燃煤电厂通常会取代旧的燃煤电厂，以提高整体效率。
2. 尽管煤电的比重不断下降，但总的电力需求在中期内有望增长。

表1 • 2014年中国各类电源新增装机容量、总装机容量及发电占比

电源	2014年新增装机容量（GW）	总装机容量（GW）	2014年发电量占比
煤电	39	825	73.0%
水电	22	280	19.2%
风能	21	96	2.8%
天然气	8	56	2.2%
核能	5	20	2.3%
太阳能	8	27	0.4%

注：水电不包括抽水蓄能发电。

数据来源：IEA，2014a；CEC，2015b；NEA，2015；BNEF，2015b。

中国2014年的总发电量较2013年增加了3.6%，但2015年2月份和7月份的电力消费量较去年同期有所下降，这可能会促使中国的煤炭消费增速有所放缓（图3）。中国深度脱碳路径项目（DDPP）和IEA WEO情景分析表明，2020~2030年中国电力需求的年均增长率将降至1.5%~3.5%，2030~2040年将降至0.5%~1.5%（图4）。然而，即使中国燃煤发电的比重降至50%，预计到2040年之前其新增的煤电产能仍将高于全球其他任何国家（IEA，2015c）。

图3 • 2012年7月份以来中国月度电力生产情况

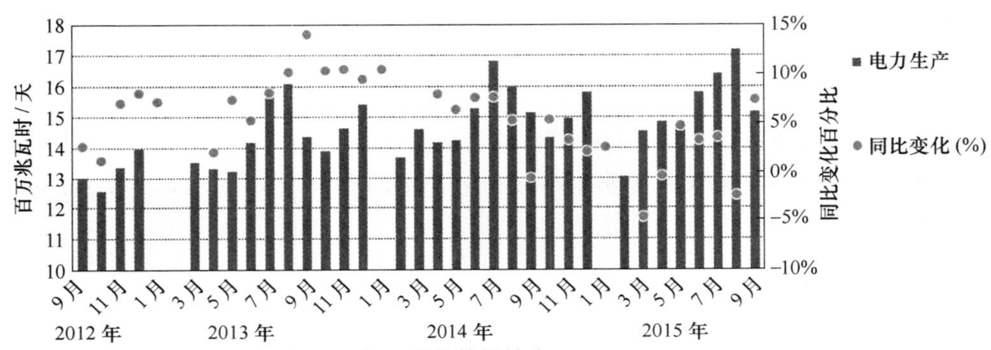

注：2013年1月和2月以及2015年1月的数据缺失。

数据来源：NBS，2015。

图4 • IEA WEO情景和DDPP情景下中国的电力需求

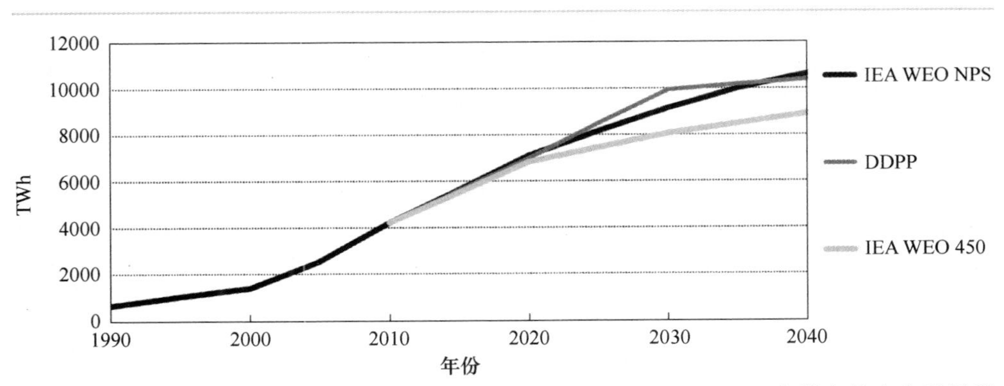

注：WEO=IEA在2014年出版的世界能源展望（World Energy Outlook）中提出的未来世界能源系统的模拟情景。NPS=New Policies Scenario（新政策情景），该情景考虑了影响能源市场的政策和措施，包括截至2014年中期已经实施的以及尚未制定具体实施方案的相关政策建议。450情景=设定一系列政策使得全球能源部门的温室气体排放轨迹与实现全球温升2℃目标相一致。DDPP=Deep Decarbonization Pathways Project，即深度脱碳路径项目。

数据来源：IEA，2014b；DDPP，2014。

不断变化的政策环境和中国的能源结构

近年来，中国的能源和环境政策的发展趋势良好。中国政府已经制定了各种举措，这些举措极有可能改变新建和现有燃煤电厂的发展前景并支持 CCS 技术的发展。2014 年 6 月，习近平主席呼吁通过“能源生产和消费革命”来应对挑战，在保护环境的同时促进经济发展、保障能源安全（Xinhua，2014）。同年，李克强总理提出“向污染宣战”（Reuters，2014）。

在电力行业，四个驱动因素最为明显：

- 降低空气污染所带来的健康和社会成本的期望；
- 通过电力供给结构多样化来保障能源安全的机会；
- 不断增强的温室气体减排承诺；
- 对水资源等相关自然资源可获性的关注。

在国家层面，中国 INDC 中设定了 2030 年的总体目标（NDRC，2015），并扩展了既定的 2020 年国家目标（State Council，2014；NDRC，2014）：

- CO_2 排放量将在 2030 年或更早达峰；
- 单位国内生产总值 CO_2 排放水平较 2005 年下降 60%~65%；
- 到 2030 年，非化石能源在一次能源供应总量中占 20%；
- 从 2014 年起，新建燃煤机组的平均供电煤耗低于 300gce/kWh（效率为 40.9%），到 2020 年所有电厂的平均供电煤耗低于 310gce/kWh；
- 到 2020 年，一次能源消费总量控制在 4.8Gtce(141EJ) 左右（2013~2020 年年均增长率为 1.5%），煤炭消费比重控制在 62%以内（87.2EJ)(2013~2020 年年均增长率为 0.4%）。

这些目标及其他要素，在运营和投资层面都要转化为局部污染、温室气体、能源结构和自然资源可获性等四个领域的政策环境。虽然这些领域会有交叉重叠，但是只要将相关政策通力组合，就能为中国电力行业的未来创造良好的环境。附录 1 总结了中国在这四个领域的主要政策声明和标准。

中国环境、能源和经济政策对燃煤发电行业未来的影响仍存在不确定性。然而，一些趋势却是显而易见的。

趋势 1：用更高效的电厂代替小规模的、老旧的电厂

中国已采取措施来提高电力生产行业的现代化水平。第十一个“五年计划”（2006~2010 年）强调，关闭 100MW 以下的发电机组并提高 200~300MW 机组的

运行效率。在这种情况下，电力企业生产规模的扩张要视小规模的、老旧的电厂的关闭情况而定。例如，要新增一台600MW的机组需要关闭一台420MW的旧机组，而新增一台1000MW机组则需要关闭一台600MW的旧机组（NDRC，2007）。

在上述政策的影响下，到2010年全国共有77GW的小电厂被关闭，预计"十二五"期间将有20GW的机组被关闭（NEA，2013）。根据国务院发布的《关于化解产能严重过剩矛盾的指导意见》，2013年4.47GW的小型火电机组全部被关闭（NDRC，2014b）。在这些措施的共同作用下，到2014年已有超过100GW的机组被关闭（Burnard，2014）。2015年7月，中国政府宣布到2015年底再关闭4.2GW的机组，并给八家主要的国有煤电企业设定了产能升级目标，即在2016年进行产能升级以满足国家对排放和效率方面的相关要求（Bloomberg BNA，2015）。

2004年国家发展和改革委员会作出指示，除西藏、新疆和海南等地区外，其他地区应规划建设高参数、大容量、高效率、节水环保型燃煤电站项目，所选机组单机容量原则上应为600MW及以上。在缺乏煤炭资源的东部沿海地区，优先规划建设发电煤耗不高于275gce/kWh的燃煤电厂（44%）[1]（NDRC，2004）。自2014年以来，政府进一步强化了对于发电效率的相关规定，要求全国新建燃煤发电机组平均供电煤耗低于300gce/kWh，并制定了到2020年不同类型燃煤机组所要达到的运行效率目标（NDRC，2014a）。

到21世纪20年代，预计100MW及以下的燃煤发电机组在中国会被全部淘汰。此外，大多数低于600MW的燃煤发电机组，其使用寿命也不会超过30年。

趋势2：限制城市煤炭使用量，提高北部和西部省份的煤炭消费

减少人口密集地区污染的相关政策的实施很有可能影响燃煤电厂在中国的分布。目前，山西省、陕西省和内蒙古自治区的煤炭产量占中国全部煤炭产量的60%，然而有18%的CEC电厂分布在这些省份。中国政府已经在西北地区选定了五个集中在煤矿附近的重点区域用于建设大型煤电基地[2]。如此一来，将电力输送到人口密集区的成本将被节省的煤炭运输或进口成本所抵消。近期中国政府也很少批准在其他地区新建燃煤电厂。

[1] 在此声明中，对东部沿海地区以外的新建电厂制定了较低的效率目标，其中对于煤炭资源丰富地区的空冷式发电机组，要求其发电煤耗控制在305gce/kWh以下（40%）。此外，对于城市地区燃用低质煤或煤矸石的机组以及热电联产（CHP）机组，其机组装机容量的准入门槛也有所区别。

[2] 这些地区包括内蒙古、宁夏、陕西、山西和新疆。

在煤炭基地附近新建燃煤电厂可能有助于提高公众健康水平，同时可以降低高额的煤炭运输费用，而正是这些高额的运输费用使得国内的煤炭价格高于进口煤炭价格。然而，值得注意的是，一些煤炭净出口省份未来将面临极大的水资源可获性问题（IEA，2015c）。因此，即使新建燃煤电厂具有相对较高的经济附加值，其未来也极有可能与区域内的农业及其他产业争夺水资源和政府支持。此外，从偏远地区长距离输电的成本可能会部分抵消大型现代化电厂由于效率提高所带来的经济效益，并且削弱温室气体的减排效果。

如果在煤炭大省利用煤炭合成天然气（SNG）而非直接燃烧发电，然后将合成天然气通过管道运输到人口稠密的南部和东部地区并且采用燃气轮机联合循环（CCGT）方式发电，将更加不利于温室气体减排。虽然燃气轮机联合循环电厂的污染要远低于燃煤电厂（即便燃煤电厂采用最先进的污染控制技术），但是利用合成天然气发电每兆瓦时电力的全生命周期 CO_2 排放量要比燃煤电厂高 60%（Jaramillo，2007）。当然，可以通过在生产合成天然气时使用 CCS 技术来缩小这种排放差距。

总的来说，中国政府在西北地区部署的五个重点区域获得煤炭基础设施投资的可能性较大，但也不是百分之百确定的。

趋势 3：燃煤发电量增速放缓并将达峰

尽管相关政策一直在强调要减少污染并促进煤炭的高效利用，但是预计中国的燃煤发电量还将以一个较低的增长率继续增长。2003~2013 年中国燃煤发电量年均增长率为 10.4%，在现有政策下，到 2020 年年均增长率可能仅为 0.6%，2020~2030 年则不超过 1%（IEA，2015c，2015e）。按此增速估计，未来煤炭消费量的增幅将在 15%以内。在这种情况下，如果现役的所有燃煤电厂均运行到计划寿命期（40 年）后退役，现役 CEC 电厂在中国燃煤发电总量中的占比将会持续下降（图 5）。如果小型电厂在 40 年寿命期到临之前提前退役（这种情况很可能在中国发生），上述下降比例将会进一步增大。

尽管燃煤发电总量的增速放缓，但燃煤发电总量的增长仍需要增加新的煤电产能。即使所有的 CEC 电厂在其剩余寿命期内以 90%的负荷因子（比当前的平均负荷因子高 25%）运行，其电力产出总和也只能使中国的燃煤发电总量在 2020 年之前维持 2.2%的年均增速，而在 2020 年以后中国的燃煤发电总量将不再增长。然而，如果有新政策出台并促使中国的燃煤发电在 2030 年达峰，就不需要新增装机容量。燃煤电厂的产能过剩可能成为现实。2015 年，中国新增燃煤发电量创历史新高，并且 2016 年继续启动新的煤电建设项目。不过，近期 15 个省份的燃煤电厂项目建设已暂停至 2017 年，这可能表明产能过剩已成为一个令人担忧的问题（Polaris，2016）。

图 5 • 现役 CEC 燃煤电厂发电量与 IEA WEO 情景的比较

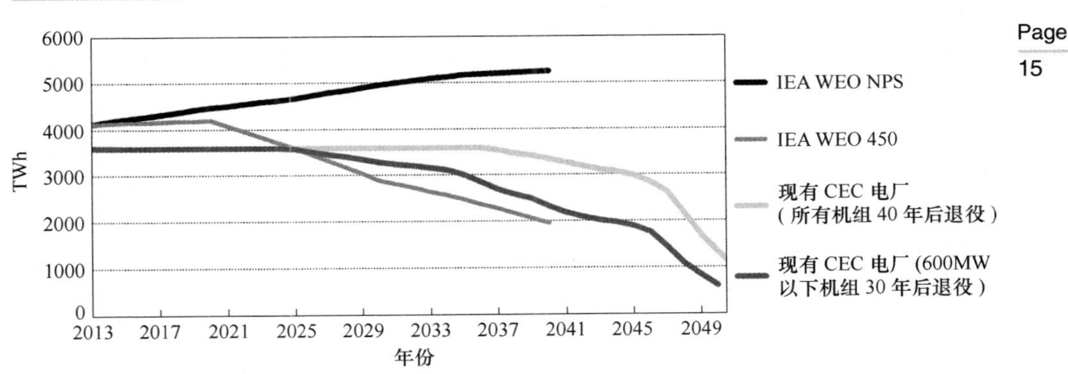

注：WEO=IEA 在 2014 年出版的世界能源展望（World Energy Outlook）中提出的未来世界能源系统的模拟情景。NPS=New Policies Scenario（新政策情景），该情景考虑了影响能源市场的政策和措施，包括截至 2014 年中期已经实施的以及尚未制定具体实施方案的相关政策建议。450 情景=设定一系列政策使得全球能源部门的温室气体排放轨迹与实现全球温升 2℃ 目标相一致。在小机组提前退役的情景下，小于 300MW 的机组将在 2025 年之前退役，小于 600MW 的机组运行 30 年后退役。

数据来源：CEC；IEA，2014b。

政策启示：煤炭使用前景为 CCS 改造创造了机遇

如果现有 CEC 电厂在其剩余寿命周期内继续按当前负荷因子运行，即使提前关闭 300MW 及以下的机组，这些电厂也将会产生 850 亿吨的 CO_2 排放。在 IEA 提出的将全球地表平均温升限制在 2℃ 以内的情景下（WEO 450 情景），预计 2015~2040 年间中国所有电厂的 CO_2 排放空间仅有 710 亿吨。

根据 WEO 450 情景，由于可再生能源电力和核电占比的不断增加，2040 年之前煤电的发电量将在很大程度上由现有电厂提供。然而，除非从 2025 年左右开始关闭部分电厂或对其进行 CCS 改造（图 6），否则中国现役所有燃煤电厂的 CO_2 排放量将远远超过 WEO 450 情景中为其设定的排放空间。

由于近年来中国绝大多数的煤电企业都进行了扩建，为了减少 CO_2 排放总量，许多电厂都将面临退役或是运行受到限制的风险，包括一些近 5~10 年内投产的现代化电厂（Davis and Socolow，2014）。在这种情况下，CCS 改造对于这些电厂来说是个很好的选择，可以在保护其资产价值的同时减少其 CO_2 排放。

此外，如果未来中国的电力需求由于效率和结构变化而下降，与向供大于求的系统增加新的低碳发电装机容量相比，改造现有的电力装机可能会更具吸引力。

其他情景也是可以预见的。2014 年中国开发了一个针对“深度脱碳路径（DDPP）”的情景，在该情景下 2030 年前中国燃煤电厂的 CO_2 排放量将持续增长，2030 年达峰后开始下降（DDPP，2014），如图 6 所示。

图 6 • 现役 CEC 电厂 CO_2 排放量与 IEAWEO 情景下中国电力生产 CO_2 排放总量的对比

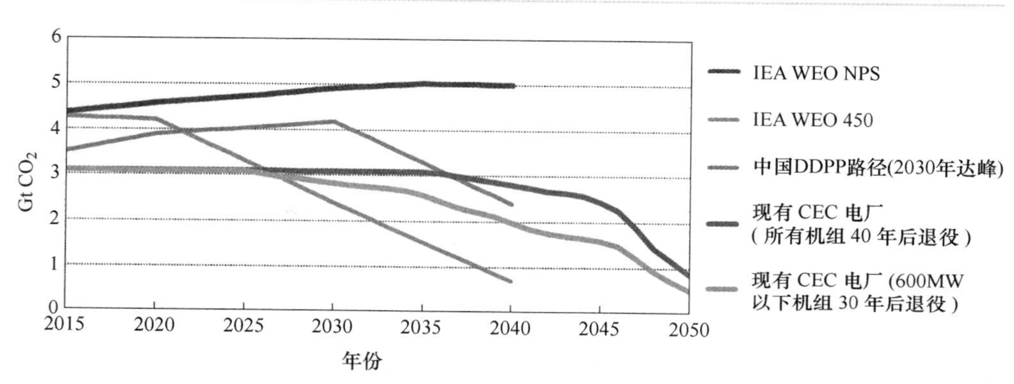

注：假设现有 CEC 电厂没有进行技术改造（包括 CCS 改造）来减少排放。DDPP 情景和 IEA 情景排放水平之间的差异可能是由于 DDPP 情景中未考虑香港地区热力生产所引起的碳排放造成的。

数据来源：CEC；IEA，2014；DDPP，2014。

如果现役的所有 CEC 电厂中装机容量为 600MW 及以上的机组在不进行 CCS 技术改造的情况下运行 40 年，其产生的 CO_2 排放将高于 WEO 450 情景中中国整个电力生产行业所产生的碳排放（图 7）。WEO 450 情景只是全球能源系统转型的一种方式，以保证全球地表平均温升控制在 2℃以内。例如，如果其他国家承担更多的减排责任，中国的电力行业便可以排放更多的 CO_2。然而，即使所有 OECD 国家在 2020~2035 年将其电力生产的碳排放强度降低到 0g CO_2/kWh（这是一个艰巨且几乎不可能实现的目标），新增的净排放空间也只能满足现有 CEC 电厂的排放，而无法满足燃气电厂或新建燃煤电厂的排放需求。鉴于中国电力行业的发展规模，要实现全球的 2℃温升目标，需要中国的电力行业做出重大调整，并且全球其他国家也需采取相应的行动。

在 WEO 450 情景中，对燃煤电厂进行 CCS 技术改造使得 CO_2 减排与继续使用煤炭之间的矛盾得以化解。在该情景中，CCS 改造被认为是最具有成本效益的温室气体减排方案，尤其是考虑到中国的煤电产能将在未来至少十年内持续扩张。在 WEO 450 情景中，中国进行 CCS 改造的电厂数量将在 2025 年前后开始急剧增加，到 2035 年安装 CCS 设备的电厂的装机容量将达到 249GW，其中 185GW 为建设时未安装 CCS 设备后进行 CCS 改造的电厂。

图 7 • 2015~2040 年不同情景下中国电力生产引起的 CO_2 排放量

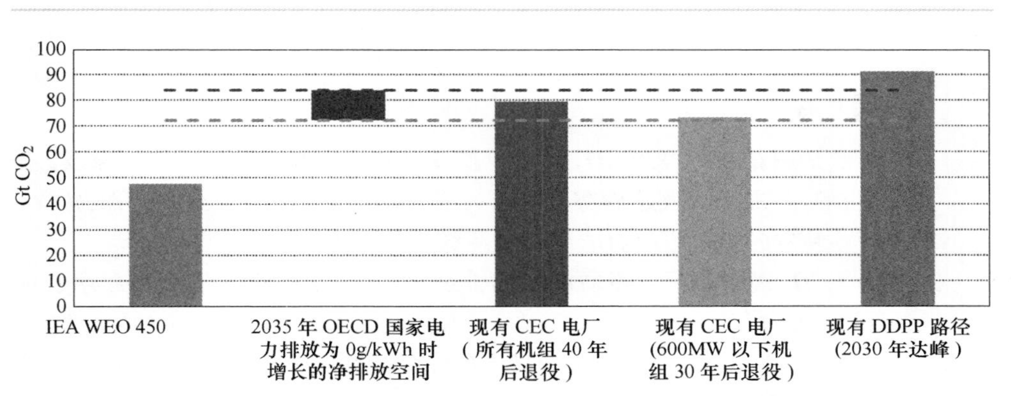

注：2035 年所有 OECD 国家电力生产碳排放强度降为 0g CO_2/kWh 时所新增的净排放空间是基于 WEO 450 情景下的电力需求并假设 OECD 国家电力生产平均碳排放强度是由 2020 年的水平线性递减至 2035 年的 0g CO_2/kWh 计算的。

数据来源：CEC；IEA，2014；DDPP，2014。

为何进行 CCS 技术改造，如何改造？

要　点

为燃煤电厂添加 CO_2 捕集装置可以通过增加一个捕集单元来实现，在 CO_2 释放到大气之前将其从烟气中分离出来。并且，给电厂添加 CO_2 捕集装置的同时可以对电厂其他系统进行升级改造。

CO_2 被捕集后，必须运送到合适的 CO_2 封存地点并永久封存于地下。 *CO_2 的管道运输是一项被广泛应用的成熟技术。CO_2 的封存则包括将 CO_2 注入到适合的地层并且进行后续监测，这些地质层通常位于地下 1km 或更深的位置。*

*由于 CO_2 捕集、运输和封存过程需要消耗能源，使得整体效率降低。因此，**电厂进行 CCS 技术改造会增加一定的运行成本。**其中，CO_2 捕集耗能最大，这些能源需求将转化为电厂运营商的燃料成本。效率损失程度将取决于所使用的 CO_2 捕集技术的类型和技术的革新程度。*

配备 CCS 技术的燃煤电厂可以成为低碳电源，它们具有火电厂的优点：全年高可用性、对电力供需变化的高适应性并增加了本土资源附加值。未来，电力市场和消费者可能会赋予低碳电力较高的价值，而且 CCS 可以将最先进的无烟煤电厂的排放量从 800g CO_2/kWh 减少到 100g CO_2/kWh 左右（假设 90% 的 CO_2 排放被捕集并封存）。对于某些特定情况的改造，使用 CCS 技术不仅能继续保持那些现役的电厂的价值，而且能延长其使用寿命，最大化其使用价值。如前一章所述，CCS 改造是一个对现有化石燃料电厂 CO_2 减排非常有价值的选择。

当现有燃煤电厂的运营商在面临限制其扩大生产的政策时，可以有以下几个选择。

- 电厂可以进行全部或者部分 CCS 改造来延长其使用寿命，在满足 CO_2 排放管制政策要求的前提下继续盈利。
- 电厂一年只运行设计时长的一部分时间，这种情况下将产生额外的相关成本，或者提前关闭一些老旧电厂，用新型低碳发电机组替代。这种新型机组可以是一个新建的 CCS 电厂，与 CCS 改造电厂相比，其使用寿命更长、效率更高，但也需要更多的资本投资，并产生大量淘汰老旧电厂的折旧费用。
- 在某些情况下，例如电力需求降低时，电厂直接退役要比为减少排放量使其在较低的负载系数下运行一段时间后替换它更好。然而在中国，预计在未来20年内电力需求不会出现长期下降趋势❶。

电厂如何进行 CO_2 捕集改造？

可以通过添加一个捕集单元实现燃煤电厂的 CO_2 捕集。这个捕集单元可以在 CO_2 释放到大气之前将其从烟气中分离出来，这被称为“燃烧后捕集技术”。当前最具成本效益的方法是用能够加热再生的胺基溶剂来吸收 CO_2，溶剂被加热时会释放出吸收的 CO_2，然后将 CO_2 进行压缩、运输。为了避免溶剂受到污染，烟气首先需要进行脱硫处理（FGD）。中国的排放标准中已经要求大多数燃煤电厂的烟气实现较高程度的脱硫，这样就可以达到 CO_2 捕集所需的条件。全球各地都在研究更先进的从燃煤烟气中捕集 CO_2 的方法，但预计至少在未来十年内，胺溶剂法在大型电厂 CCS 技术改造中仍将占据主导地位（IEA，2015d）。详见附录 2。

考虑到溶剂再生的热量需求，实现 CO_2 捕集的改造目前有两种选择：第一种选择是获取汽轮机产生的热量，这将导致电厂净输出功率降低；第二种选择是引入其他电厂（例如附近的燃气热电联产（CHP）电厂）的热量，以避免燃煤电厂净输出功率的降低。第二种选择成本更高一些，特别是有时需要在附近新建一个 CHP 电厂，但可以通过避免 CCS 改造电厂的电力输出损失和出售 CHP 电厂的多余电力来实现更高的利润。

该研究假设在 2030 年之前，最有可能对 CCS 进行改造的方法是使用基于胺溶剂的系统进行的燃烧后 CO_2 捕集。更具体地说，CO_2 捕集系统的能源需求可以通过从电厂自身的蒸汽循环中转移出来的部分蒸汽和从其发电机组中转移的部分电力来满足，这部分电力将不再提供给电网。因此，出于成本和技术方面的考虑，我们假设对 CCS 进行改造将降低电厂的发电能力，从而降低净效率，但煤和水等投入保持原来的水平。然而，如前文和附录 2 中所述，这并不是唯一的选择。

虽然燃烧后捕集技术能够捕集 90%的 CO_2，但是捕集率在设计和运行期间仍可以改变。如果捕集率可以增加到 90%以上，那么排放量将会降至 50g CO_2/kWh 以下。但在这种高捕集率情景下，捕集的边际成本也会显著增加❷。另一方面，

---

❶ 在一些地区，各种可再生能源电力供应的持续渗透，可能导致火力发电厂提供的负荷数量的减少，以及实施更加灵活的运行模式。这可能会受到收入降低和单位成本增加的双重冲击。因此，当考虑燃煤发电厂的经济性和支持 CCS 改造的政策背景时，需要将中国电力市场的前景纳入考虑。

❷ 这一结果是基于当今最先进的改造技术。但这种描述并不适用于某些正在开发的燃烧后改造技术，如富氧燃烧技术。

对电厂进行部分 CCS 改造也是具有成本效益的。举例来说，如果目标仅仅是将排放水平降到与联合循环燃气轮机（CCGT）电厂相同，那么只需对现存机组容量的一半进行改造即可（NETL，2015；Zhai，Ou and Rubin，2015）。从整体上看，电厂要达到 450g CO_2/kWh 的排放标准，则需要约 60%的捕集率。这样的电厂在短期内有助于减排，但从长期来看，如果当平均排放率降低到 100g CO_2/kWh 以下而上述电厂没有进一步实施改造时，这些电厂也许会成为排放强度最高的电厂之一。

为电厂加装 CO_2 捕集系统可以与其他的电厂升级改造如添加 FGD 或更换锅炉、涡轮机同步进行，这些升级改造可以将电厂寿命延长几十年。在世界范围内，现有正在服役的、仅仅是为了提高效率而进行改造的电厂中，95%都是于 1955~1979 年之间建成的。通常这种改造能使电厂的寿命超过 40 年的平均水平（Purvis，2014）。就加拿大边界大坝电厂三号机组来说❶，电厂升级改造对于 CO_2 捕集是不可或缺的。相比之下，中国大多数现有电厂建成于 2005 年以后，如果在 2025~2035 年之间进行改造，这些电厂只运转了 20~30 年，对于升级改造的需求与边界大坝相比没有那么急迫。

另一种对电厂进行 CO_2 捕集改造的同时实现电厂升级的方法是利用富氧燃烧锅炉取代普通锅炉，让煤炭在一个富氧环境下燃烧。这一方法需要对电厂进行更大程度的改造，花费也更高，同时需要额外的能量用于从空气中提取氧气。但是因为用这种方法产生的烟气流几乎是纯 CO_2，所以节约了 CO_2 分离的相关费用。即使不完全否定富氧燃烧改造的方案，仅仅从该方案的额外改造成本和欠发达的技术状态来看，胺溶剂法更具优越性❷。

CO_2 的运输和封存

CO_2 被捕集之后，还需要将其运输到一个合适的封存地点并永久封存于地下。CO_2 管道运输技术是一项成熟技术，美国修建了 6000 多千米长的 CO_2 运输管道，积累了大量的宝贵经验。如前述，油田所需 CO_2 从距离 66km 的加拿大边界大坝电厂输送，同时该油田还从 330km 以外的美国大平原燃料合成电厂获取

---

❶ 更多内容见“CCS 改造的实践经验”一节。

❷ 胺溶剂系统更加灵活，因为 CO_2 捕集功能可以被部分或全部不执行，从而允许已完成 CCS 改造的电厂在一个非 CCS 模式下运转。如果法规或 CO_2 的价格机制并不迫使电厂所有运行时间都采用 CCS 技术，或者可以在利润丰厚的高峰时期不进行 CO_2 捕集以具有更大的操作弹性，这可能具有巨大吸引力。对于富氧燃烧电厂来说，要达到这种灵活程度可能更加复杂，但也是可行的。例如，富氧燃料锅炉可以在空气燃烧模式中运行，以降低氧气生产成本，或在电力需求较低时期利用电力来增加氧气产量及其存储量。

CO_2。还有一个案例，就是挪威 Snøhvit 项目利用海上管道运输 CO_2。此外，CO_2 也可以用船舶运输，但是运送量非常小（IEA，2013）。

CO_2 的地下封存指的是将 CO_2 注入合适的地质构造中并对注入的 CO_2 进行后续的监测，注入的位置一般位于距离地表 1km 深或更深的地层。合适的地质构造可以是咸水层、枯竭的油气田和具有 CO_2-EOR 潜力的油田，也可以是不具有煤层气开采潜力的煤层[1]。另一种方法就是将咸水层中的水抽取出来后再注入 CO_2，抽取出的水进行脱盐处理后可投入使用，比如在水资源缺乏的地区可作为工业冷却用水。这个过程被称为"CO_2 驱水技术（EWR）"，并在 2014 年的中美气候变化与清洁能源合作联合声明中被提出（White House，2014）。

经过几十年的实验研究和建模、过程模拟（如酸性气体回注、天然气封存和 EOR）、自然环境下 CO_2 积聚的相关研究、示范项目以及当前正在进行的大规模封存项目实践（Benson and Cook，2005；Gale et al.，2015），人们对地质封存的基本物理过程和工程问题的认识已非常成熟。这些经验一方面表明了 CO_2 可以在选址、规划和运作合理的条件下实现安全封存，另一方面也表明封存地点的封存条件各不相同，选择时需要全面深入地考虑其特性。

一个合适的 CO_2 封存场地（或地点）必须满足以下条件：

• 有足够的容量来存储预期内的总 CO_2 体积。例如，一个 CCS 改造后的电厂在其剩余服务年限内所捕集 CO_2 的预期数量，或者是具有规模经济的多来源的 CO_2 预期封存体积；

• 足够的注入能力以接收预计供应率下的 CO_2 流；

• 具有有效控制特性，即保证注入的 CO_2 在监管方的管理下，在既定的时间尺度内有效封存；

• 封存的 CO_2 不会对其他资源、生态环境和人类健康、以及项目开发人员、投资方和运营商造成难以承受的风险；

• 与 CO_2 源的距离在合理范围内，保证经济有效，并且后勤保障方面具有可行性。

这些标准强调了在改造项目开始前，必须要确保存储场地的适宜性。这一要求可以通过对封存地的地质勘探或研究特定地质结构来实现，通常会需要 5～10 年的时间。如果对 CO_2 封存场地没有深入的了解，那么就无法计算 CO_2 的运输和封存成本，从而也就无法准确估算 CCS 的总费用。

除 CO_2 地质封存外，还有研究致力于 CO_2 的化学转化，用来生产有用材料或燃料（即所谓的 CO_2 利用或矿化作用）。如果是用于燃料生产，那么 CO_2 就不会被封存，而是在燃料燃烧时释放到大气中。由于 CO_2 捕集和 CO_2 转化都需要

---

[1] 更多关于 ECBM 的信息见 CCC IA（2015）和 GHG IA（2013）。

大量能量，因此 CO_2 利用技术也不大可能成为一种减少燃煤电厂净排放的有效方法（Bennett，Schroeder and McCoy，2014）。利用燃煤电厂产生的大部分 CO_2 进行物质生产以提高成本效益和能源效益的技术还尚未成熟。不过相关研究仍在继续，也许未来技术突破后 CO_2 利用技术产生的效益能够补偿 CO_2 的地质封存成本。由于现有电厂缺乏成熟的 CO_2 利用和矿化技术，本书只考虑地质封存。

成本与效益

为一个电厂加装 CO_2 捕集设备需要的资本成本受三方面因素的影响。一是所需捕集的 CO_2 数量，这取决于电厂规模、电厂运行效率以及煤炭类型；二是现有的污染控制设备（例如，FGD），这对利用胺溶剂进行 CO_2 捕集至关重要；三是与 CCS 改造同步进行的对电厂其他系统升级改造的程度（例如，升级锅炉或涡轮机）。因此，即使采用相同的技术，不同的电厂其改造成本也不同。美国一项针对 5 个亚临界燃煤电厂的详细研究表面，在某些情况下，不同电厂改造成本的差异可以达到 100%（Dillon et al.，2013）。除此之外，还有规模因素，一次性对大机组或多个机组进行改造的成本比小量的、单个机组的改造要便宜许多。详情见附录 4：CCS 改造成本的计算。

由于 CO_2 捕集、运输和封存需要消耗能源，从而使得整体效率降低，因此对电厂进行 CCS 改造会产生一定的运行成本。CO_2 捕集环节对能源的需求最大，而这些能源需求最终将转化为电厂运营商的燃料成本。效率损失的大小一般取决于 CO_2 捕集技术类型。目前，最先进的设计大约使效率降低 9 个百分点。其他的运行成本（例如溶剂成本）远远低于每单位产出所耗燃料的成本。

通常来说，CO_2 运输和封存成本比 CO_2 捕集成本低得多。IEA 指出，对于一个配备 CCS 技术的燃煤电厂来说，CO_2 运输和封存成本仅占平准化发电成本（LCOE）的 5%以下，而 CO_2 捕集成本是运输和封存成本的 2～5 倍。当然，如果 CO_2 需要进行远距离、复杂地形或离岸运输，CO_2 的封存成本将大幅上升。

CCS 技术改造可以产生多重效益，其价值必须与成本和其他投资风险相权衡。其中最主要的收益就是生产低碳电力。如果市场对 CO_2 排放处以罚金，低碳电力就可以避免大部分罚金，给运营者带来竞争优势。如果市场通过制定相关的性能或设备标准对排放进行管制，那么低碳电力的生产者就可以投入更多时间进行生产甚至可能是唯一投入运营的电厂。

与配备 CCS 技术的新型发电厂相比，CCS 改造的总资本支出较低，因为添加 CO_2 捕集系统设备的资本成本仅仅相当于建成一个低碳发电厂所需的成本，而且能使发电成本更低。如政府间气候变化专门委员会（IPCC）在 CCS 特别报告中所描述的那样，“在现有电厂的资本成本完全或大体处于分期偿还的情况下……碳捕集改造电厂的 LCOE（包括所有的新的资本需求）明显低于一个新型电厂的成本”（Thambimuthu，Soltanieh and Abanades，2005）。总的来说，如果电力系统不再需要增加额外的产能，并且除改造之外的唯一替代选择是关闭现有电厂，那么进行 CCS 改造是一个成本更低的选择。

因此，CCS 改造的另外一个效益就是避免了还能服役较长时间的电厂提前退役。控制排放的相关法规已经威胁到现有电厂的存亡，除非可以降低排放，否则电厂将被关闭。通过 CCS 技术延长现有电厂的寿命，以延缓对新产能的投资，从而为其他项目的投资提供空间。

CCS 改造的最后一个优势是可以把 CO_2 作为产品进行销售，而首要的消费者很有可能是 CO_2-EOR 运营商，但也可能用于化学领域或者驱替咸水。

最后，如果 CCS 改造的收益大于成本——即实现正的净现值（NPV），并且其收益超过其他投资的机会成本，那么 CCS 改造将具有经济价值。在绝大多数情况下，进行 CCS 改造的程度将取决于政府是否能够在成本与收益之间取得平衡并支持将 CCS 改造作为减排方案之一。这可以通过实施监管措施，市场干预或财政支持来实现。

可以肯定地说，要以投入运营时间较短且占主导地位的年轻燃煤电厂为起始阶段开始逐年减少排放，就需要对低碳发电进行投资。这些投资可以通过整个电力系统的收入以及避免的污染和气候影响（包括健康影响）成本收回。在 IEA 新政策情景中，到 2030 年，中国的发电量将增加到 10000TWh，按当前的实际价格计算，市场批发价值将达到 5 千亿元人民币。在 450 情景中，中国发电量增加略低一些，约为 8500TWh，但仍比当前高出 55%。从理论上讲，中国相继进行的 CCS 改造项目的成本（每年产生 5TWh，到 2035 年总计可能达到 1000TWh）在理论上可以分散到整个能源系统中，其总排放强度将随着低碳发电容量的增加而降低。首个项目可能用于技术开发，如果中国采用 CCS 改造减少现有电厂的排放量，随着时间的推移，CCS 改造脱碳项目将转向更大规模。

确切的成本和收益将取决于电厂的技术特征和其他社会因素，例如给定区域中与经济、社会福利或就业影响相关的机遇和威胁。评估宏观经济成本和收益是一项非常复杂的预见性任务，超出了本书的范围❶，但仍然是未来值得研究的一个方面。诸如 CO_2 封存的适宜性和当地电力市场状况等肯定会影响中国燃煤电厂进行 CCS 改造的适用性，在以下各节中，将对上述因素和一些其他因素进行讨论和评估。

---

❶ Turner（2015）采用投入产出方法计算了此类分析的一个例子。

第 3 栏 • CCS 改造的社会经济成本和效益

除了电厂层面的成本和收益外，更广泛的社会成本和能源转型的收益（包括通过 CCS 改造）也是非常相关的问题。减排对电价的总体影响将取决于相互关联的各种因素和所选技术。尽管 CCS 改造将增加单个电厂的电力生产成本，但它很可能成为优化的低碳产品组合的一部分，从长远来看，该组合可最大程度地降低电费的总体增长。CCS 改造对未来煤炭使用的影响及其对就业的影响也是重要的考虑因素，值得进一步研究。上述问题需要数据和分析，是非常复杂的预测工作，评估宏观经济成本和收益超出了本书的范围。但是，这是未来值得研究的方向。

CCS 改造的实践经验

世界上只有少数燃煤电厂 CO_2 捕集项目已经运行或正在改造。迄今为止，经验是有限的，这普遍地反映了气候政策进展的步伐，CCS 的投资速度也是缓慢的。但是，下面详述的三个大型发电厂以及其对 CCS 改造项目的未来投资，使人们对 CCS 改造作为低碳发电的技术选择有了更深入的了解。

- **Boundary Dam 项目**

边界大坝 3 号机组是加拿大萨斯喀彻温省的褐煤发电机组，于 2011～2014 年间进行了燃烧后 CCS 技术改造。3 号机组建于 1969 年，最初的净发电容量为 139MW，在服役近 45 年后计划在 2013 年关闭。改造包括增加胺基 CO_2 捕集装置，以从烟道气中去除 90%～95%的 CO_2，将其压缩并注入到管道中，从而运输到 66km 外的石油生产区。在那里 CO_2 来被用于提高采油率（CO_2-EOR），而电厂运营商能够得到 CO_2 费用。锅炉也会进行改造，将旧的蒸汽轮机替换为新的最先进的涡轮机，并添加了烟气脱硫系统以从烟气中去除几乎所有的 SO_2。通过使用 SO_2/CO_2 组合捕集系统和选择性热集成，可将额外能源消耗降至最低（Stéphenne，2014）。

考虑到捕集改造后电厂的能源消耗，改造后的 3 号机组的净发电容量已降至 120MW，但改造工程使得电厂的使用寿命至少延长了 30 年。

边界大坝改造的背景是萨斯喀彻温省希望减少发电的 CO_2 排放量，同时认识到了褐煤作为燃料来源的持续价值。2012 年，加拿大针对新型燃煤发电机组和已达到使用寿命的机组引入了 420g/kWh 的性能标准。萨斯喀彻温省以目前的开采率估算了可经济开采的褐煤能够供应 300 年并且褐煤约占全省发电量的 50%。

供应边界大坝的褐煤矿距其仅 13km，与其他替代品相比，它提供了低成本的燃料来源。该省的一个油田可实现 CO_2 的商业化利用，其收入来源能够抵消部分成本。同时存在一些政策和经济条件使得萨斯喀彻温省电厂能够将 CO_2 捕集电厂的额外费用分摊到纳税人的账单上。此外，加拿大联邦政府还提供了 2.3 亿美元的赠款。

- **Petra Nova-Parish 项目**

位于美国得克萨斯州的 Petra Nova Parish CO_2 捕集项目正在建设中，并将于 2017 年初开始运营。该项目正在对位于 NRG Energy 的 Parish 亚烟煤电厂的 610MW 机组的 240MW 滑流进行胺基燃烧后 CO_2 捕集改造。该捕集单元设计捕集量为 1.4Mt CO_2/a，捕集率高达 90%。

捕集的 90%将被压缩，并通过一条 130km 长的管道输送到 West Ranch 油田，届时 CO_2 将被注入到地下 1～2km 进行 EOR。得克萨斯沿海风险投资公司和得克萨斯大学经济地质处正在共同制定该项目的 CO_2 监测计划。

Boundary Dam 项目与 Petra Nova-Parish 项目的主要区别在于，后者捕集单元的蒸汽和动力由 2013 年投入运行的 75MW 的燃气热电联产机组提供（NRG，2014）。这使得改造不会导致现有电厂的产出降低，因为来自原有电厂的蒸汽和电力不会被用于 CO_2 捕集。由于单循环涡轮机的灵活性优势，在高电力需求或供应短缺时，可以将 CO_2 捕集不需要的电力出售给电网。

NRG 能源公司和 JX Nippon 油气勘探公司是合资企业的合作伙伴。他们从美国政府的“清洁煤电计划”（CCPI）获得了 1.67 亿美元的赠款，其余资金来自项目合作伙伴，日本国际合作银行和瑞穗银行提供了 2.5 亿美元的贷款支持。

Petra Nova-Parish 项目改造的背景是美国正在制定新的发电政策，这使得在不增加包括 CCS 在内的污染控制设备的情况下，燃煤电厂的建设或继续运营将变得更加困难。该电厂每天要使用超过 3 万吨的产自怀俄明州 Powder River 盆地的煤炭，这是一种低成本且资源丰富的燃料。通过利用美国政府的支持和当地 EOR 产业的可行性，项目合作伙伴将获得 CCS 设施运营的宝贵经验。

- **ROAD-Maasvlakte CCS 项目**

荷兰的鹿特丹海上封存（ROAD）CCS 改造示范项目计划在 2016 年对投入运营的 1070MW 超超临界燃煤发电机组进行 CCS 改造，对其中的 250MW 支流增加燃烧后 CO_2 捕集装置。捕集的 CO_2 将被压缩并运输到北海的一个近海深海储油层。一些 CO_2 可能被出售给附近的温室以增加收入。

该 CCS 项目是 Uniper Benelux（以前称作 E. ON Benelux）和 ENGIE Energie Nederland 的合资项目。计划中另外两个合作伙伴是 Port of Rotterdam Authority 和 Oranje-Nassau Energie，分别负责 CO_2 的运输和 CO_2 的注入及封存。ROAD 项目由其工业合作伙伴以及荷兰政府（捐赠 1.5 亿欧元）和欧洲委员会（捐赠 1.8 亿欧元）共同资助。尽管该项目已获得所有必要的许可，但尚未完成财务结算，不可供本文参考。因此，目前尚不明确该项目是否能够进行建设。

ROAD 项目与欧洲和荷兰的气候政策有关。该 CCS 项目是在新燃煤电厂获得批准时启动的，当时欧盟碳排放交易系统的 CO_2 价格到 2015 年预计为 30 欧元/t，该价格可以抵消三分之一的项目成本。尽管 CO_2 价格尚未达到这一水平，但在未来几十年中，欧洲未配备 CCS 技术的新建燃煤电厂的前景十分堪忧。因此，鉴于欧洲的法规和地质条件，政府和企业都对投资商业规模的 CCS 技术抱有很大兴趣。

- **中试经验**

除了上述大型电力项目外，在过去的二十年中，多个国家/地区还开展了一些规模不超过 30MW 的较小规模的中试改造项目，从而在电力行业 CO_2 捕集解决方案的开发，运营和优化中积累了经验。这样的较小的项目已经在美国，英国，德国和澳大利亚等国家运行。

中国也开展了中试规模的项目，例如华能集团上海石洞口电厂的 CO_2 捕集项目和北京高碑店的 CO_2 捕集项目。

影响 CCS 改造的因素

要 点

对电厂进行 CCS 改造的决策必须要考虑到很多特定因素， *包括电厂的位置、可能的封存地点、电厂设计、规模和 CCS 的其他替代选择。*

*本项研究中，我们将特别关注电厂如何能够相对容易地获取合适的 CO_2 封存地点。**CO_2 捕集改造需要确保其实现安全运输及封存，** 以免排放到大气中。*

现有电厂本身的特征将极大地影响到 CCS 改造是否会对电厂带来商业效益。 *这些因素包括电厂年限、规模、负载因子及燃料类型、燃料来源。此外，诸如冷却类型及蒸汽循环设计等属性也会对改造的成本带来很大影响。*

对于几乎所有的电厂来说，只要有足够的安装空间，燃烧后 CO_2 捕集在技术上都是可行的（GHG IA，2011）。但是否进行改造仍需考虑到电厂位置、电厂设计、规模和 CCS 替代措施等特定因素。本章节着重分析了中国适合进行 CCS 改造的现有燃煤电厂应具备的资质和特性。

一个适合进行 CCS 改造的候选电厂不仅要满足一系列基本的标准，而且相比于其他电厂，其改造成本要更低。对于电厂来说，商业评估（包括 CO_2 运输和封存的成本、电厂年限、规模和负载因子等）和技术条件（包括蒸汽效率、循环设计、冷却、污染控制和安装空间等）均将影响改造的可行性及成本。

本书将着重探讨电厂如何能够相对容易得获取合适的 CO_2 封存地，因为这不仅对 CCS 改造本身具有重大影响（捕集的 CO_2 必须运输到合适的地理位置，距离越短成本越低），而且也是电厂运营商难以控制的一个因素。CO_2 封存资源的勘探开发通常需要油气部门的技术支持，并且需要比 CO_2 捕集设备的安装过程更早进行。因此，CO_2 封存地的可用性对于评选适合进行 CCS 改造的备选电厂至关重要，并能够用来指导目前探测的封存资源中哪些可以应用到之后的 CCS 改造项目中。

根据本文的研究目的，影响因素可以分为两类：

1. **适宜性标准**：该标准决定了电厂是否可以成为 CCS 改造候选对象。这些标准包括上述 CO_2 封存所涉及的所有关键问题。适宜性准则在本书中用于确定最具改造潜力的现役 CEC 所属电厂。只要不满足其中的任何一条标准，都不能作为适宜改造的备选电厂。如上所述，这些标准包括 CO_2 封存地的可获性这一关键问题。

2. **成本因素**：成本因素并不决定某一电厂是否可作为改造对象，但会影响其成为 CCS 改造备选电厂的相对优势。该因素可用来对改造可行电厂的吸引力进行排序，并探讨对不同电厂属性的相对影响。

下面将分别讨论这两类准则。诸如替代技术的可获性、市场结构和政策风险等其他一些因素，这里虽然没有讨论，但在改造决策时可以酌情考虑。

目前的研究结果介于 IEA 前两次评估结果之间，认为中国 19%~58%的燃煤发电机组具有良好的 CCS 改造适宜性（如第 4 栏）。与早期的 IEA 研究相比，本书评估的标准更为广泛，考虑了更多的地域因素，分析了更多的机组水平数据。与 Li（2010）的研究相比，考虑了更多的电厂以及其运行方面的因素。

第 4 栏 • 中国燃煤发电行业 CCS 改造适宜性的前期评估

IEA（2012）

作为全球燃煤发电行业评估的一部分，我们已经使用一些标准来判断哪些中国电厂适合改造。目前，中国燃煤电厂的总装机容量为 669GW。在全球范围内，已经对三类电厂进行了评估：600GW（90%的电厂）服役年限在 30 年以下且装机容量超过 100MW；481GW（72%的电厂）服役年限小于 20 年且装机容量超过 300MW；390GW（58%的电厂）服役年限小于 10 年且装机容量超过 300MW。对于最后一类电厂，其中 83%位于中国。然而，2011 年中国的燃煤电厂中服役年限在 10 年以下的，只有 34%具有超临界或超超临界蒸汽条件。

该研究对中国燃煤发电行业和中国 CCS 改造现状进行了更透彻、更深入地分析。由于全球范围内数据获取较为困难，2012 年的分析更关注电厂的服役年限、规模和蒸汽条件。而在机组层面，如与 CO_2 封存地的距离、商业考量或其他的技术参数等，都没有充足的数据。

Li（2010）

评估了 74 家中国煤粉（PC）电厂（108GW），每个电厂的装机容量都在 1GW 以上。这些电厂均配置了卫星捕捉影像设备，用以评估其 CCS 改造的潜力。评估因素包括地理位置、电厂作业空间、厂房布局、用水限制、煤炭供应、效率、烟气脱硫现状和与 CO_2 封存地的距离。根据这些标准，该研究对改造前景进行了评估和定级。结果显示，其中有 19%的电厂（14 家）具有较高的改造潜力，而 46%的电厂由于空间限制不太适合使用 CCS 技术进行减排（GHG IA，2011）。

1 适宜性准则

现有电厂的某些特有属性会在很大程度上影响 CCS 改造是否具有商业价值。这些要素包括 CO_2 封存选址、电厂服役年限、规模、负荷因子[1]和燃料来源的位置。

CO_2 封存地的可获性

CO_2 捕集改造需要确保 CO_2 安全运输并封存，防止其排放到大气中。世界上最长的 CO_2 运输管道是美国得克萨斯州的科尔特斯（Cortez）管道，长达 800km。目前中国的 CCS 项目仍处于发展的初级阶段，在未来 20 年内建造比美国更长的运输管道不太现实，并且中国的大部分地区是地形复杂的山区或是人口密集区。因而。从政治角度和技术角度考虑都需要对 CO_2 运输距离加以限制。本书将 800km 作为 CO_2 运输封存距离的上限。实际上，这个上限值对于电厂和封存地来说仍是一个相当长的距离，会造成相当高昂的改造费用。

服役年限

电厂当前的服役年限是从商业角度来考量的一个适用性准则，对于接近经济寿命周期的电厂，可不再考虑进行 CCS 改造。为了说明当前中国的政策环境，我们假设装机容量为 600MW 及以上的机组具有 40 年的运行寿命，而更小容量的机组具有 30 年的运行寿命，并且 300MW 以下的机组将在 2025 年之前被淘汰。基于上述分析，电厂将在 2025～2035 年之间决定是否进行改造。这与中国在 2030 年达到 CO_2 排放峰值的目标相一致，并且反映了这样一个事实——现有燃煤电厂的排放量与排放目标之间的差距将从 2025 年开始逐渐拉大。

规模

如上所述，从商业角度来考虑的话，在中国现行的政策下，小容量发电机组未来不具有发展前景。因此，我们假定将 600MW 及以上机组作为改造对象，而

[1] 负荷因子指设备在给定年度满负荷工作的小时数与全年小时数的比值。70%负荷因子对应 6132 满负荷小时/年，85%对应于 7446 满负荷小时/年。

300MW 以下机组将不予考虑。对于 300～600MW 之间的机组，只有当其能够与大型电厂的多台机组共享运输路线和封存地点并可以借此获得规模经济效益时才具备吸引力。基于本书的目的，我们将大型燃煤电厂定义为：所有机组经改造后具有 90%的 CO_2 捕集率，且每年 CO_2 捕集量超过 10Mt（装机规模一般为 2.5GW 及以上）的电厂。

负荷因子

年均运行时间越长，电厂就可以越快地收回 CCS 改造的相关费用。现有的负荷因子就能够有效反映改造后的电厂如何运行才能抵消投入的费用。一个基本负荷电厂——即那些为电网提供稳定和基本恒定水平电力的电厂——负荷因子可以达到约 85%（IEA，2010）。然而，在中国当前电力供给过剩的体系下，燃煤电厂的平均满负荷小时数在近十年下降了 20%，许多电厂每年运行不超过 5000 小时（即负荷因子不足 60%）(CEC，2015c)。考虑到更加小型的电厂如果因短期边际成本过高而被淘汰或调度，部分上述电厂在理论上可以运行更长时间。因此，设置一个 50%负荷因子阈值可以排除那些仅仅用于调峰或因成本或技术原因不经常运转的电厂。

地方政策和战略因素

在中国，CCS 改造的商业机会还将取决于不同省份对煤炭利用或低碳发电的激励政策。位于中国北部和西部的电厂，由于使用当地开采的煤炭，可能在煤炭持续使用的情况下具有更大的战略价值，包括稳定当地就业和税收。位于人口稠密的南部和东部省份的电厂，更容易获得冷却水，但在减少当地空气污染和 CO_2 排放量等方面的压力也更大。然而，在未来十年内，也就是 CCS 改造决策实施之前，这些省份也可能采取政策来减少或逐步淘汰燃煤发电。这些竞争性因素之间的权衡考量将影响 CCS 改造的吸引力。

目前，中国仅有北京一个行政区域颁布了淘汰燃煤发电的政策。因此，本书中仅将北京的电厂排除在 CCS 改造候选电厂之外。

由于各地方有关煤炭资源的政策所带来的成本及政治影响难以确定，本书暂不将这些因素作为商业适用性准则或成本因素纳入评估范围。

空间可用性

如果电厂为 CO_2 捕集设施预留的空间不足，则该电厂在技术适用性层面可能不宜进行 CCS 改造。相关研究已经探讨了容纳 CO_2 捕集设施所需的总占地面积，即改造 300-600MW 的机组，包括压缩机在内的占地面积可达 0.03～0.08hm²/MW（Florin and Fennell，2010；GCCSI，2010；NETL，2007）。部分装置可能需要根据电厂的属性进行匹配，包括（DECC，2009）：

- CO_2 捕集所需的设备及配套设施。在建设期间，需要给设备和材料的存储以及与现有电厂的连接预留额外的空间。
- 根据需要调整锅炉和蒸汽轮机。
- 电厂各系统间保持平衡的适当的扩展和补充，以满足电厂 CCS 改造后的额外需求。例如，冷却水的补充。
- 添加捕集设备后额外的运输设备，如运输溶剂等易耗品。
- 所需的安全存储和处理潜在的有害物质的空间，如处理氧气，胺基溶剂和 CO_2 的区域。

在多数情况下，由于电厂建设时没有考虑到额外的 SO_2、NO_x 和汞排放控制系统，使得改造时安装空间受限。其他情况下，如果在改造前事先关闭或者清理临近的工厂，就可以利用其所腾出的空间。中国人口和工业的快速扩张使得许多电厂周围可用空间极其有限，而且这种情况未来还可能会进一步加剧。

然而，虽然空间可用性是一个明确的适宜性标准，但由于电厂层面的数据不足，所以不在本书的考察范围内。

2　成本因素

本节中所描述的成本因素主要是通过影响 CCS 发电成本来影响 CCS 改造的吸引力。其中某些因素与适宜性标准相同，且反映出这样一个事实，即与 CO_2 运输和封存、电厂年限、规模和负荷因子相关的成本在适宜性阈值的绝对值范围内变化。其他成本因素包括：电厂效率、蒸汽循环的设计、在合适温度和压力下从涡轮机中提取蒸汽的难易程度、冷却类型、扩大或增加冷却基础设施以满足 CO_2 捕集设备需求的能力以及现有的污染控制水平。

这些基本都是技术性的成本因素。但值得注意的是，诸如电厂效率或冷却类型等技术因素，一般不被用来作为判断电厂是否适合进行 CCS 改造的标准。大多数情况下，可以通过对电厂进行技术升级或改造，使其更适合 CCS 改造。

CO_2 运输与封存成本

当考虑 CO_2 封存选址时，显然 CO_2 的运输成本将随着管道长度和体积的增加而增加，但 CO_2 的运输成本还会受到与管道路线和 CO_2 运输量等因素的影响。在各种因素中，CO_2 的封存成本随封存场地的深度和注入量的变化而变动，这些成本来自额外的或更深的注入井的建设成本。CO_2 运输成本包括管道的材料成本（主要是钢材）和建设成本、运营成本（主要是能源成本）、土地征用成本、路线成本（包括获得相关许可和所有法律费用）以及维护成本（在恶劣的条件下这部分成本将更高）。如果管道跨越省界或者延伸到一些荒凉的区域，如山脉、湖泊、河流或人口密集区，则土地征用成本、调度和维护成本会更高。此外，建在人口稠密地区的管道需要有足够厚的管壁。因此，城市地区短距离的运输成本可能高于农村地区长距离的运输成本。规模经济意味着建设直径较大的管道其钢材成本不会成比例的增加，并且土地征用成本和路线成本也类似。

对于能够匹配到 CO_2 封存地的电厂来说，为了获取一个距离较远但封存条件较为理想且封存成本较低的 CO_2 封存场地，CO_2 的运输成本可能将会超标。综合考虑两种因素，本书中使用 CO_2 运输和封存的组合成本来评估 CO_2 封存成本。

与服役年限、规模和负荷因子相关的成本

在服役年限方面，一般服役年限较短的电厂每兆瓦的改造成本更低，因为其拥有较长的剩余寿命周期来回收 CCS 改造的投资费用。此外，随着电厂服役年限的增加，CCS 改造时需要完成的升级无论在数量和费用上都将随之增加，而在改造过程中没有升级的设施可能会在后期的运行中带来更高的潜在风险。目前，在保持其他条件不变的情况下，对中国服役年限最短的电厂进行 CCS 改造，能使整个电力系统实现成本最小化和利益最大化[1]。

在规模方面，由于 CO_2 捕集、运输和封存的单位成本随着机组设计容量的增加而下降，因此机组规模越大越具有规模经济效应。部分原因在于管道和工艺容器等设备的资本成本并不随机组容量线性增加，且规划、建设和运行的成本一般也是固定的。在其他条件不变的情况下，对少数大型电厂进行 CCS 改造会比对大量小型电厂进行改造更具成本效益。然而，从经济性方面来看，对适宜进行改造的机组规模并没有明确的划分，这是因为其他因素（如是否靠近封存地点）对改造成本的影响要大于电厂规模的影响。负荷因子通过影响每年的发电量来影响成本，并进一步影响回收 CCS 改造成本的时间。

---

[1] 从私人资产所有者的角度来看，这一说法可能不够准确，特别是当 CCS 改造的替代性选择是不减排且继续运行时。关于美国电厂的一项研究得出结论，服务年限为 20~40 年的电厂是最佳候选电厂，因为在这种情况下资本开支大多已被分期偿还，但电厂还未破旧到必须要进行大规模改造的程度（Zhai，Ou and Rubin，2015）。在这样的市场背景下，原有燃煤电厂成本分期摊销的程度是很重要的，这是由于它会影响到资本的持续成本，也因此会影响电厂改造后的 LCOE。

效率和蒸汽循环设计

电厂不会因为技术问题而无法改造，但改造成本取决于 CCS 改造时所同步进行的蒸汽循环系统的改造或其他设施的升级情况。升级可能更适合效率较低的机组。但对于一些服役年限较短且效率相对较低的电厂来说，改造后可大幅减少 CO_2 排放。否则，它们将继续以低效率运行。

蒸汽循环系统的设计方式会影响改造成本。用于胺溶剂再生及释放 CO_2 所需的蒸汽有两个来源：蒸汽涡轮机或单独的本地资源（如燃气热电联产电厂）。前一种方法会降低电厂的总输出功率以及未来的收益，但前期成本较低。后者可以维持电厂现有的输出功率，但需要在附近新建电厂。如果蒸汽来自现有的涡轮机，则能够兼容一系列胺溶剂的最佳技术选择应该是 4~5bar(0.4~0.5MPa）左右的中低压气缸（Lucquiaud et al.，2009）。

超临界和超超临界电厂是更好的 CCS 改造候选电厂，因为配备 CCS 的设施将更加高效，从而边际成本更低。如果电厂拥有超过 41%的设计效率，那么安装 CO_2 捕集设备后实际效率可以达到 32%，这等同于全球没有进行 CCS 改造的燃煤电厂的平均效率。然而，许多中国亚临界电厂（效率低于 40%）的气缸压力为 10~12bar(1.0~1.2MPa)，且在降压过程中能量会有所损失[1]。例如，一台效率为 35%的 600MW 亚临界机组，在经过胺基 CO_2 捕集改造并从涡轮机中提取蒸汽后，效率变为约 26%且输出功率为 440MW。这也导致了较小的电厂具有较高的边际发电成本，其在电力市场的长期生存能力也将面临严峻的挑战。因此，有必要通过合约或市场干预措施来确保机组进行电量指标交易，以实现减少 CO_2 排放的目的。

在中国，本地用户的供热需求会影响到 CCS 的改造能力。据估计，到 2020 年中国 28%的燃煤电厂将是热电联产电厂。也就是说，它们将通过本地管网向工业和居民额外地提供蒸汽。在短期内投资研发热电联产余热利用的设备，将会在未来较长时期内减少 CO_2 捕集所需的热量供给。

冷却方式

CCS 电厂采用何种冷却方式将会决定改造成本。如果从现有的蒸汽轮机中提取热量用于胺基 CO_2 捕集，额外的冷却需求比较适中，大约为 10%~35%。这是因为，能量输入保持恒定但电厂输出下降。虽然冷却、输送溶剂的过程中需要

---

[1] 这可以通过在改造时安装一个背压式汽轮机来进行部分补偿，但将增加总的改造费用。本书在成本估算时假定了这种调整，如下所述。

水，但这与冷却水相比，用量少并且可以循环利用（NETL，2008）。

如果现有的冷却系统不足以支撑额外的冷却需求，开环冷却成本最低，然后是封环冷却。如果本地没有足够可用的水，这也并不妨碍电厂进行 CCS 改造，因为可以使用干式冷却❶。干式冷却，也称为空气冷却，不会显著增加水的需求，但是价格更加昂贵❷。采用空冷方法来冷却 CO_2 捕集系统需要消耗更多的能源，因此边际成本也较高。然而，中国的燃煤电厂一般都建在冷却水缺乏的区域，因此通常都采用空冷的方法。这也表明，在许多情况下使用空冷方法的成本是可控的。

污染控制

利用胺溶剂捕集 CO_2 时溶剂不能被 SO_2 污染，这就要求电厂的烟气在进入捕集系统之前必须几乎完全除去 SO_2。因此，基于胺溶剂吸收法捕集 CO_2 的 CCS 改造（即处理电厂 100%的烟气）几乎可以消除所有 SO_2 排放，同时还可以减少氮氧化物和微粒物的排放（Koornneef et al.，2010）。而对于未安装 FGD 装置的电厂，在进行改造时有必要增加 FGD 装置，同时也增加了额外的成本。

---

❶ 此外，无论是在哪种 CCS 都被广泛部署的气候变化减缓情景下，一个地区的总火力发电很可能减少从而引起对水资源的更低需求，可能使 CCS-配备电厂能够获取更多的水。

❷ 在中国，建于 2007 年的燃煤电厂的空冷成本约为 40000 美元/MW（Li，2010）。

中国燃煤发电行业 CCS 改造潜力评估

要 点

*在应用严格的基本标准筛选后，中国目前至少有 310GW(55%）的燃煤发电机组适合进行 CCS 改造。**结果表明电厂规模以及与电厂到 CO_2 封存地的距离是影响机组改造可行性最重要的因素。***

*基于前面章节的分析可知，中国现有的燃煤发电机组中共计有 **513GW(92%）具有较为适合的 CO_2 封存地，** 其中 385GW 机组的封存半径在 250km 以内。*

***CEC 成员运营的燃煤电厂中有 310GW 的发电机组被认为适合进行 CCS 改造，** 但其改造潜力大小因各自的成本、市场和政策等条件的差异而有所不同。据分析，中国现有大约 100GW 的燃煤机组可能成为最具潜力的改造候选对象，其所需额外的电力生产成本小于 168 元/MWh。*

针对 CEC 电厂的 CCS 改造潜力分析主要包括两个阶段。首先，上一节中提出的**适宜性标准**(表 2）重点研究了如何确定中国现有发电机组中适合进行 CCS 改造的候选对象。但此标准未考虑空间的可用性和燃料利用条件。

其次，为了揭示各种**成本因素**如何影响候选机组的相对改造吸引力，本书进行了改造费用评估。这部分分析以机组为单位展开，而不是以电厂为单位。这是因为每个电厂可以包含不同服役年限、效率和型号的多台机组。而电厂特征则作为规模因素进行考量。

表 2 • 用于评估中国现有燃煤机组 CCS 改造适宜性的因素

因素	适 宜 标 准
服役年限	≤40 年（到 2035 年）
规模	≥600MW，或≥300MW，电厂总潜在捕集量≥10Mt CO_2/a
负荷因子	≥50%
地理位置	不位于有逐步淘汰煤炭政策的省份
与 CO_2 封存地点距离	≤800km

第 1 阶段：潜在改造对象识别

根据改造适宜性标准，本书评估了 CEC 提供的来自其 478 个独立电厂的 1236 台燃煤机组。结果表明，应用严格的基本标准筛选后，中国目前至少有 310GW（55%）的 CEC 燃煤机组适合进行 CCS 改造（图 8 和表 3）❶。

图 8 • CEC 机组分析的第 1 阶段结果流程图

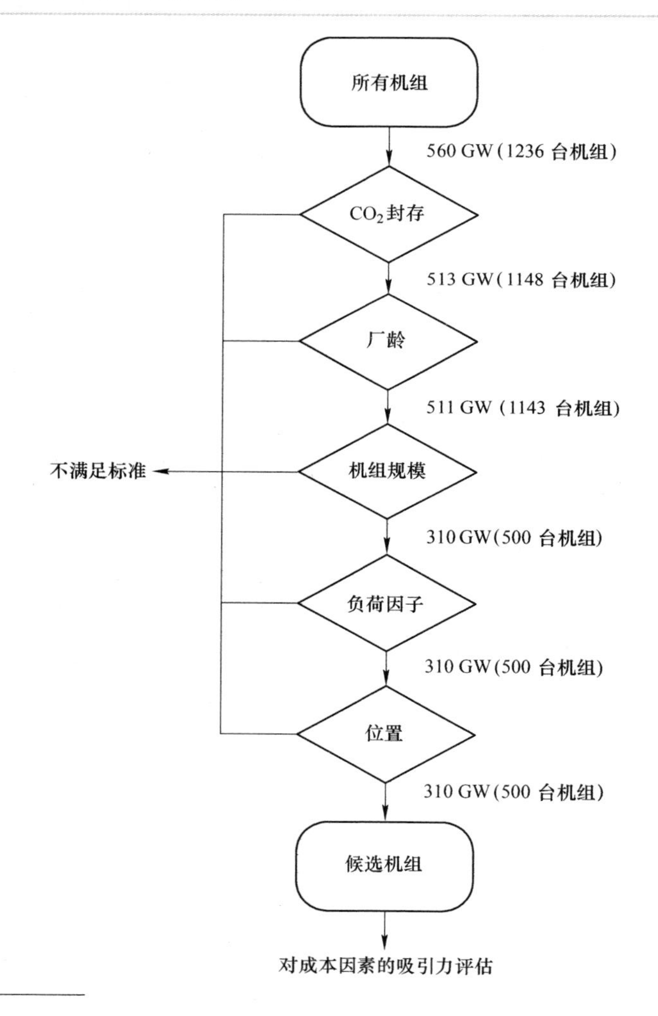

❶ 下面给出的标准和结果反映了数据的可获性——例如，有关现场空间和特定技术特征的电厂层面的数据是无法获得的。

表 3 • 第 1 阶段结果分标准汇总表

项　目	机组数量	装机量（GW）	占总装机量的比例
全部 CEC 燃煤机组	1236	560	100%
满足单项改造标准的机组：			
到 CO_2 封存地的距离	1148	513	91.5%
服役年限	1231	559	99.7%
规模	556	348	62.1%
负荷因子	1234	560	99.9%
地理位置	1230	559	99.8%
满足全部改造标准的机组	500	310	55.4%

上述结果表明，电厂规模和与电厂到 CO_2 封存地的距离对改造可行性的影响最大。500 台独立的燃煤发电机组分别属于 196 家位于中国东部和南部的电厂。西部省份的燃煤发电机组都因规模未达标被排除在外，而非因为封存距离或其他原因。

第 1 阶段　结果描述

CO_2 封存地的可获性

为了确定中国现有的燃煤电厂是否与 CO_2 封存地之间具有合适的距离，本书按照附录 5 中描述的方法，将电厂的位置与中国的地质数据库进行了比较。与多数国家的情况相似，中国适合封存 CO_2 的咸水层和油田的分布并不均匀。

本书考虑了每一种可能的电厂机组和封存地的组合，并计算了相应的 CO_2 运输和封存组合成本。通过对该项指标进行比较，有可能进一步考虑将 CO_2 运输到其他地质条件更好的封存地的可能性。该结果还可以用于评估机组是否能够获取合适的 CO_2 封存地，并确定一个对其来说成本最低的选择。该分析假设每台机组的改造是独立进行的，并且可以选择对其来说成本最低的封存地，来自不同捕集设备的 CO_2 之间不存在竞争。

CEC 电厂中有 512.6GW（92%），包含 1148 台机组，可以在 800km 以内找到合适的 CO_2 封存地。800km 内缺乏 CO_2 封存地的电厂主要位于广东和福建。此外，如果根据政策或社会偏好以 250km 作为 CO_2 运输距离的一个较低阈值，CEC

电厂中有385GW（69%）包含865台机组，可以找到合适的CO_2封存地[1]。可以在250km范围内找到合适封存地的电厂大多分布在中国的北部、中南部和东部。

以上结果表明，CO_2封存距离不太可能成为阻碍中国燃煤机组CCS改造的因素。然而，运输和封存成本不仅取决于运输距离，还取决于封存地的特征。如可注入的CO_2数量。在800km范围内可找到CO_2封存地的机组中，55%的机组的运输和封存成本在20美元/t及以下，只有5%的机组的运输和封存成本较高，在100美元/t以上。

当然，随着关于中国咸水层封存资源和封存成本信息获取量的增加，分析结果可能会有所改变。当封存资源的质量低于预期且数据差值较大时（50%及更高），结果才会受到影响。另外，分析结果并没有包括通过CO_2-EOR或离岸咸水层封存的CO_2，包含两者后结果的精确度会有所改善。

离岸封存对于中国东南部的燃煤机组来说可能是更好的选择，但运输和封存条件更为严苛，成本也会更高。欧洲的近海CO_2封存成本估计为陆上封存的30%~300%，具体取决于具体的封存地点和对地质信息的认知程度（ZEP，2011）。然而，随着海上封存技术日趋成熟，中国南部一些不具备陆上封存条件的电厂的改造前景将会更加广阔。目前关于海上CO_2封存潜力的一些定性和量化研究正在广东省开展，其中包括中国和英国的科学家以及中国海洋石油总公司（CNOOC）之间的合作项目（Zhou，2013；GDCCUS，2014）。

虽然CO_2-EOR预计能为中国提供超过100Mt CO_2/a的CO_2封存潜力（Dahowski et al.，2013；Wei et al.，2015），但它的开发受到石油价格变化、本土产业发展以及CO_2-EOR供应链的影响（Han，1999；Zhang，2015）。然而，由于EOR项目的CO_2需求量在整个项目周期中趋于下降，即使在CO_2需求巅峰期，需求量也低于一家大型电厂所提供的CO_2总量，因此可能需要建立一个CO_2-EOR运营体系或者CO_2-EOR与咸水层封存相结合的运营体系。

服役年限

根据本书对中国政策影响的假设，到2025年CEC装机总量中有469GW（84%）的机组至少还有十年的剩余寿命，在2035年时达到其设计寿命期（图9），这些机组共计944台。在前文中，本书已结合中国当前的政策背景做出假设：600MW以上的机组预期有40年的工作寿命，而较小的机组约有30年的寿命，而在300MW以下的机组将在2025年到达寿命期。

---

[1] 在Dahowski et al（2013）的研究中，250km是中国CO_2运输距离的上限值。

图 9 • 截至 2015 年 CEC 机预计剩余寿命分布情况

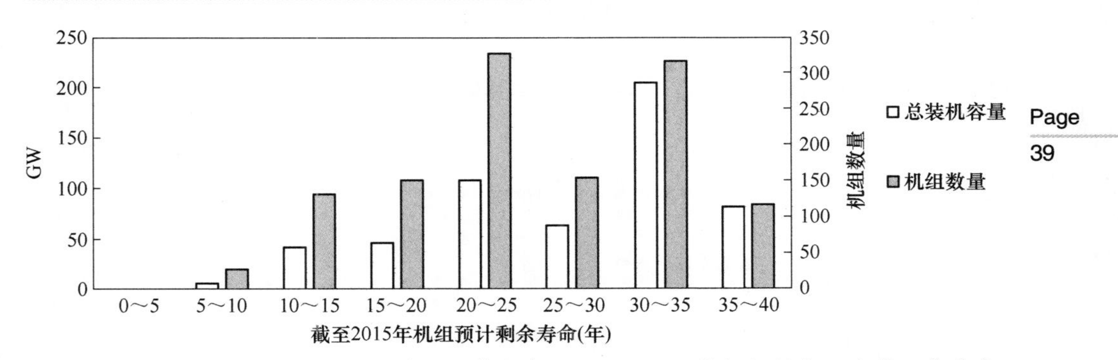

注：假定 600MW 以上的机组具有 40 年的工作寿命。300~600MW 的机组具有 30 年的工作寿命，假设 300MW 以下的机组于 2025 年退役。不考虑在此期间采取任何升级措施延长机组寿命。

数据来源：CEC。

机组规模

装机总量为 560GW 的 CEC 机组主要分布在三个规模范围（图 10）。可以看出，中国的燃煤机组规模比较规范，且大部分机组的装机容量都小于 600MW。就电厂总排放率而言，如果电厂按照 90%的捕集率进行改造，那么大型机组一年就可以捕集超过 10Mt 的 CO_2（图 11）。在所有的 CEC 机组中，捕集量超过这一阈值的机组共有 223.6GW。

图 10 • CEC 机组规模划分情况

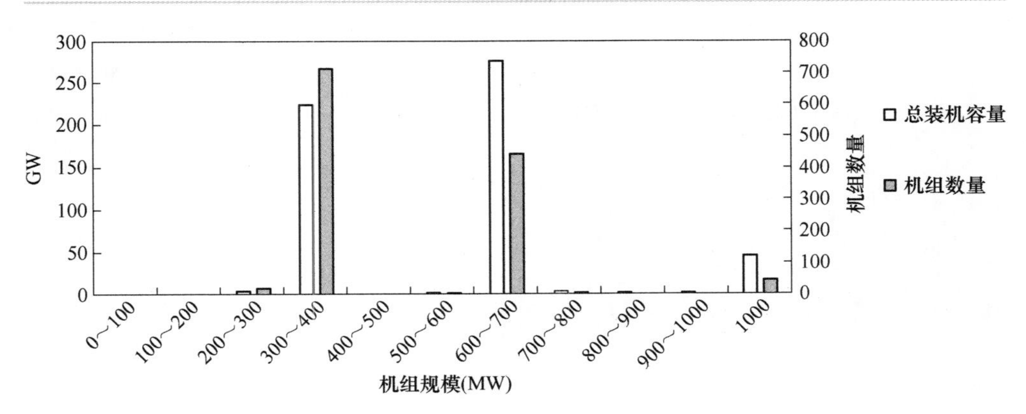

注：统计不包括轴上显示的更高的值。

数据来源：CEC。

根据适宜性标准来看，329GW 的机组规模在 600MW 以上，而 27GW 的机组规模在 300MW 和 600MW 之间，并且机组所在电厂的潜在 CO_2 捕集规模在 10Mt/y 及以上（图 12）。因此，CEC 电厂中有 357GW（64%）的机组满足规模适宜性标准。

图 11 • CEC 发电机组规模与电厂潜在总 CO_2 捕集量之间的关系

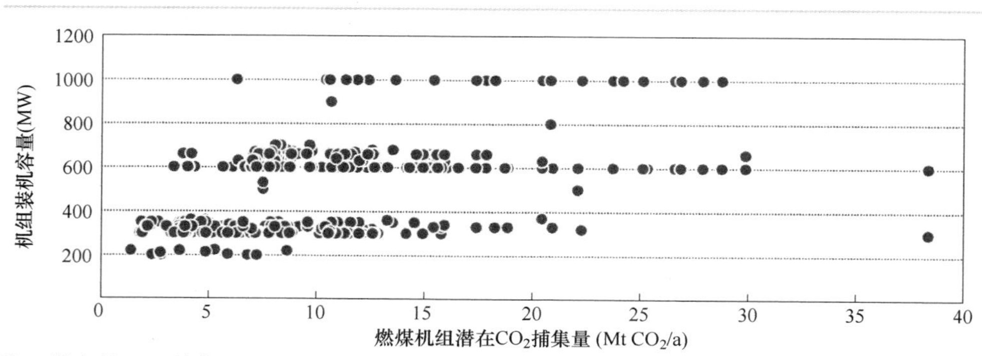

注：潜在的 CO_2 捕集量是基于当前负荷因子、设计效率、设计煤种、90%的 CO_2 捕集率以及 9%的效率损失计算所得。

数据来源：CEC。

图 12 • 满足规定规模阈值的 CEC 机组总量及比例

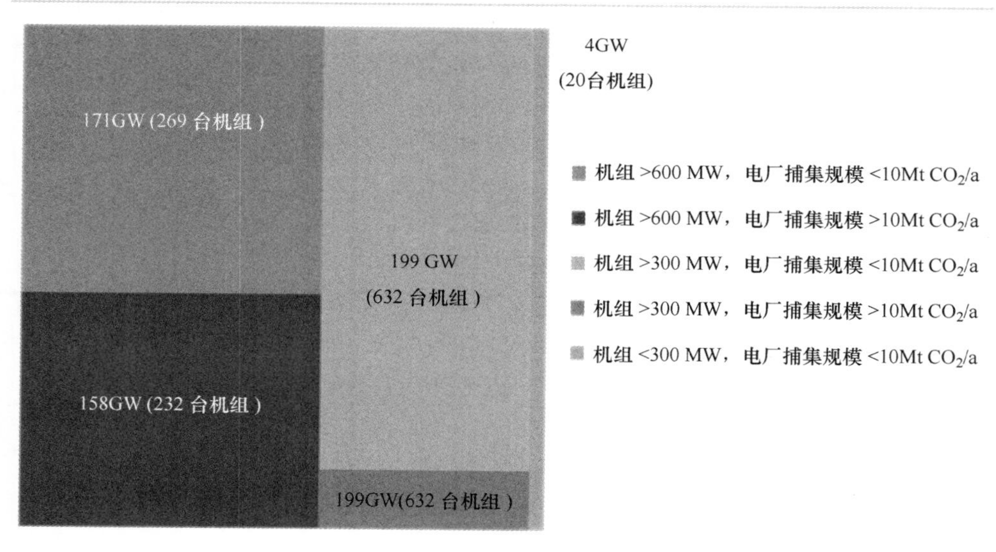

负荷因子

2012 年和 2013 年，CEC 燃煤发电机组的平均负荷因子为 45%~100%（图 13）[1]。

[1] 当单位平均产出水平比其铭牌容量更高时，负荷系数视为达到 100%。

在这两年中，560GW（99%）CEC 机组的平均负荷因子在 50%以上，共包括 1234 台机组。虽然机组的负荷因子可能在进行 CCS 改造之后发生变化，但近期的数据为机组所扮演的角色及其价值提供了有用的参考。只有 11GW 的机组其平均负荷因子在 85%以上。

图 13 • 2012 年和 2013 年 CEC 机组平均负荷因子分布情况

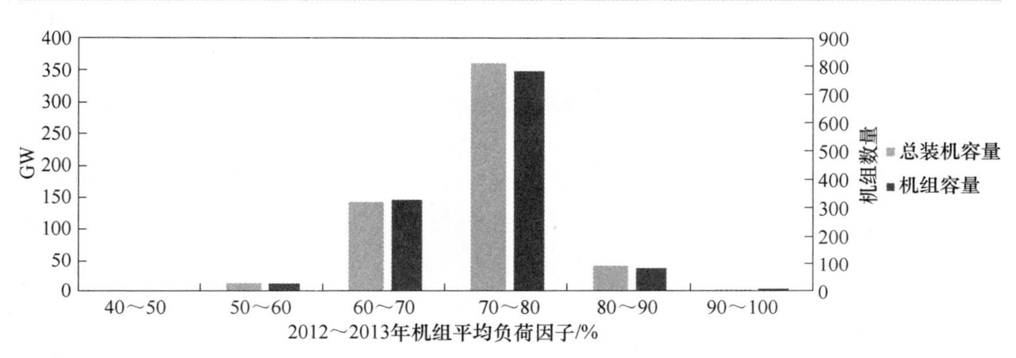

数据来源：CEC。

中国不同地区的负荷因子也不尽相同，平均负荷因子最高的为东部地区（74%），最低的为中国东北部地区（66%）（表 4）。然而，负荷因子在一定程度上是由产能过剩（可能在未来 20 年内减少）所决定的，因此不能过早地排除任何地区进行改造的可能性。

表 4 • 2012~2013 年中国各地区 CEC 发电机组平均负荷因子

地区	省/自治区/直辖市	平均负荷因子
中国北部	北京，内蒙古，河北，山西，天津	73%
中国东北部	黑龙江，吉林，辽宁	66%
中国东部	安徽，福建，江苏，江西，山东，上海，浙江	75%
中国中南部	广东，广西，海南，河南，香港，湖北，湖南，澳门	72%
中国西南部	重庆，贵州，四川，西藏，云南	72%
中国西北部	甘肃，宁夏，青海，陕西，新疆	73%

数据来源：CEC。

当地的政策和战略因素

由于政策约束，CEC 的燃煤发电装机总量中只有 1.3GW（0.2%）位于北京，共计 6 台发电机组。

第 2 阶段：关注相关改造成本

中国 CEC 机组中有 310GW 适合进行 CCS 改造，但其改造的潜力因各自的成本、当地市场和政策等条件的差异而有所不同。影响成本的因素之前已经介绍过，在本节中我们估算了成本并探讨了影响成本的相关因素。附录 3 给出了 CEC 电厂在成本因素（如效率、冷却类型和污染控制）方面的详细信息。

需要进一步强调的是，本书假设改造会降低可用发电量（降低热效率），因为捕集过程需要一定比例的蒸汽，并且该部分蒸汽不再可用于发电。

在本书中，这意味着上述 310GW 的装机容量（被认为适合进行 CCS 改造）将减少至约 240GW 的剩余净装机容量。在下面的成本讨论中，发电成本是根据净/剩余装机容量计算的。

平准化额外发电成本（LACOE）曲线

决定是否对候选机组进行改造取决于多种因素，这些因素会影响投资价值。成本和收益应结合当地的实际情况进行仔细评估，目前还无法确定哪些 CEC 机组最具 CCS 改造吸引力，也无法确定各机组的盈利能力。然而，评估机组改造后生产单位电力的额外生产成本却是可以实现的，我们称其为平准化额外发电成本（LACOE），并将其作为评估 CCS 改造决策的重要指标。

LACOE 考虑了捕集和压缩系统的资本成本、运行和维护成本、燃料成本以及 CO_2 运输和封存成本，此处使用的性能和资本成本估算是基于当前最先进的燃烧后溶剂吸收法捕集技术。工程和采购成本的估算参照相关针对 CO_2 捕集电厂的最新研究，并根据 CEC 电厂改造后的已知参数对获取的数据进行调整。此外，增加了适当的项目突发事件和业主成本以达到隔夜资金成本。如前文所述，运输和封存成本的计算将依据成本最低的封存方案。由此生成的成本曲线反映了对资本成本和固定运营成本的最佳估计（图 14）。附录 4 提供了详细的成本计算过程和基本假设。

每一个电厂都有两种不同的成本较低的方案可供选择。第一种是在 2030 年对现有电厂进行改造，即对它的基础资产进行最小程度的调整。第二种是重建现有电厂，使用最佳的锅炉和汽轮机升级技术，为其提供 40 年的寿命。结果表明，重建方案对于老旧电厂更具吸引力。在改造投资决策节点，适合进行重建的电厂的平均厂龄是 29 年，而适合进行改造的电厂的平均厂龄为 21 年，这可以反映出延长已有机组使用寿命的价值所在。尽管重建的资本投入较高，但如果现有电厂接近其经济寿命，延长电厂寿命就意味着它们可以在今后更长一段时间内回收投资资金。

图 14 • 适合改造的 CEC 机组的 LACOE 曲线

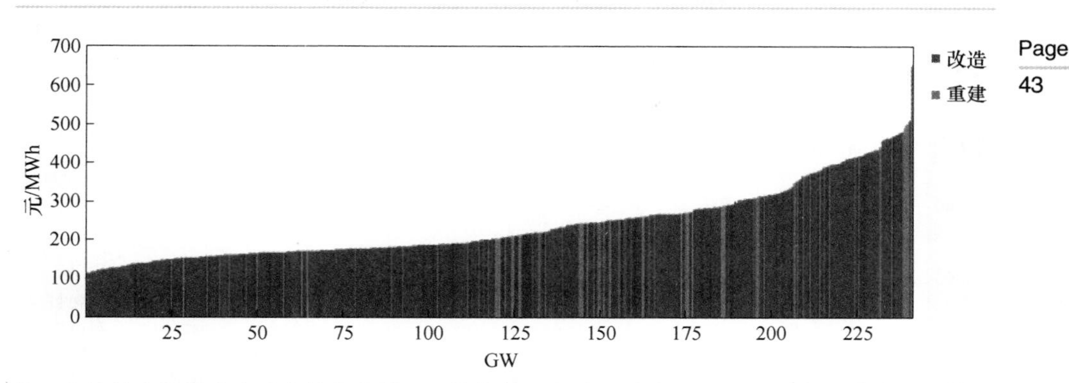

注：此处的容量指改造后降低的容量，即核算能量损失。选取 2025~2035 年的中点，也就是 2030 年作为改造投资决策的年份。

数据来源：IEA 分析。

LACOE 代表了运营商生产单位电力的溢价水平，也就是为了生产低碳排放电力而非高碳排放电力所需弥补的额外成本。实际上，需要给电厂提供一个有效的价值信号来引导其进行 CCS 改造，可以通过上网电价补贴（FIT）或受预期负荷因子、CO_2 定价、电力市场及 CCS 改造的替代性方案等因素影响的类似体系来实现。对于电厂来说，是否对现有资产进行改造或重建将取决于在不采用 CCS 技术的情况下电厂能否按照原有模式在剩余寿命期内继续运行[1]。如果电厂运营商面临的选择是进行 CCS 改造和淘汰尚未达到其经济寿命的机组，那么用来激励改造的溢价可能会降低。

对于 240GW 的剩余净装机容量而言，其成本为 34~129 美元/MWh。其中，有 78GW 机组，预计其额外成本为 49 美元/MWh 或更低。

2025~2035 年的成本很可能会比现在低很多，因为世界各地的项目将持续推动 CO_2 捕集技术的进步，从而降低首批推行者面临的风险溢价。在中国，如果燃烧后 CCS 技术被有序地应用于燃煤电厂，随着改造行动的推进，由此产生的标准化、规模经济和相关经验可能会大大降低成本。但是，目前还无法准确估计这些因素在未来十年的影响，因此暂不予考虑。

对于出现在 LACOE 曲线下方的机组，降低 CO_2 捕集成本会对总成本产生较大的影响（图 15）。对于最具 CCS 改造吸引力的机组，CO_2 运输和封存成本只占

[1] 这里计算时，假设电厂资产的潜在价值及回收期在改造后保持不变。实际上，改造的同时重建机组的吸引力略高于我们的计算，这是因为现存资产价值的回收年限变长了。

总成本的一小部分。然而，在 LACOE 曲线末尾的较高端，CO_2 运输和封存的绝对成本和相对成本都比捕集成本高得多。因此，与低成本的封存地距离较远也是排除许多机组成为 CCS 改造候选对象的原因。这说明了总成本会因 CO_2 封存方案的不同而显现出很强的差异性。如果捕集环节的成本较低，较高的运输和封存成本是可以接受的，反之亦然。

图 15 • CO_2 捕集成本和 CO_2 运输与封存成本在 LACOE 中的占比

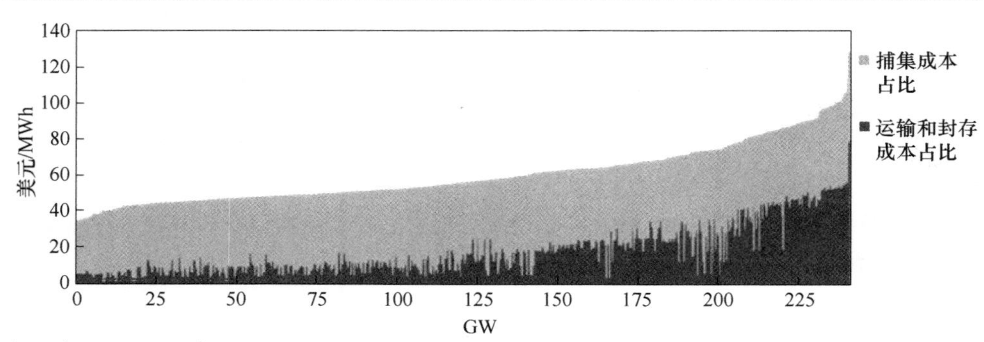

数据来源：IEA 分析。

如前文所述，这里的 LACOE 分析仅考虑 CO_2 咸水层封存。中国许多 CCS 项目都与潜在的 EOR 项目相关（GCCSI，2015），而原油销售能带来一定收益，在一定程度上能够抵消 LACOE 引起的总生产成本的增加。正如在北美，尽管最终减排效果可能不够理想，但 EOR 和 CCS 的结合却可以显著降低单位 CO_2 减排所需的额外公共资金或政策支持水平（IEA，2015b）。

东部省份改造成本最低

东部省份的 CEC 机组总体上呈现出改造成本较低的趋势。CO_2 运输和封存成本对于多数具有较高 LACOE 的机组来说起决定性作用。东部省份的 CO_2 封存条件较好（大约在安徽省合肥市方圆 1000km 范围内），并且这也可以解释为什么这些地区以外的机组往往具有较高的 LACOE。对于成本较低的机组，其服役年限、规模和其他特性等方面的个体差异决定了改造的相对吸引力。但值得注意的是，成本较低的机组并没有聚集在一起。这表明，在中国东部的很多地区，机组进行 CCS 改造将首先获得成本效益。

关键成本因素的影响

LACOE 对某些因素（如机组规模，蒸汽条件和 CO_2 运输距离）的敏感度可以用来解释 CCS 改造过程中最重要的成本组成部分。这些因素可以作为电厂投资组合的导向，以此可能会筛选出更值得关注的改造候选对象。CEC 机组中，具有共同特点的机组比其他不具有共同特点的机组对成本组成要素的敏感度要低（图 16）。从这个近似的比较可以看出，平均成本较高的电厂规模较小，没有 FGD 设备，而且距离最佳的 CO_2 封存地较远。超超临界电厂的蒸汽条件和接近合适的 CO_2 封存地是较低平均成本的两个重要因素，而负荷因子和冷却类型的影响较小。

图 16 • 子类别下 CEC 机组的 LACOE 范围

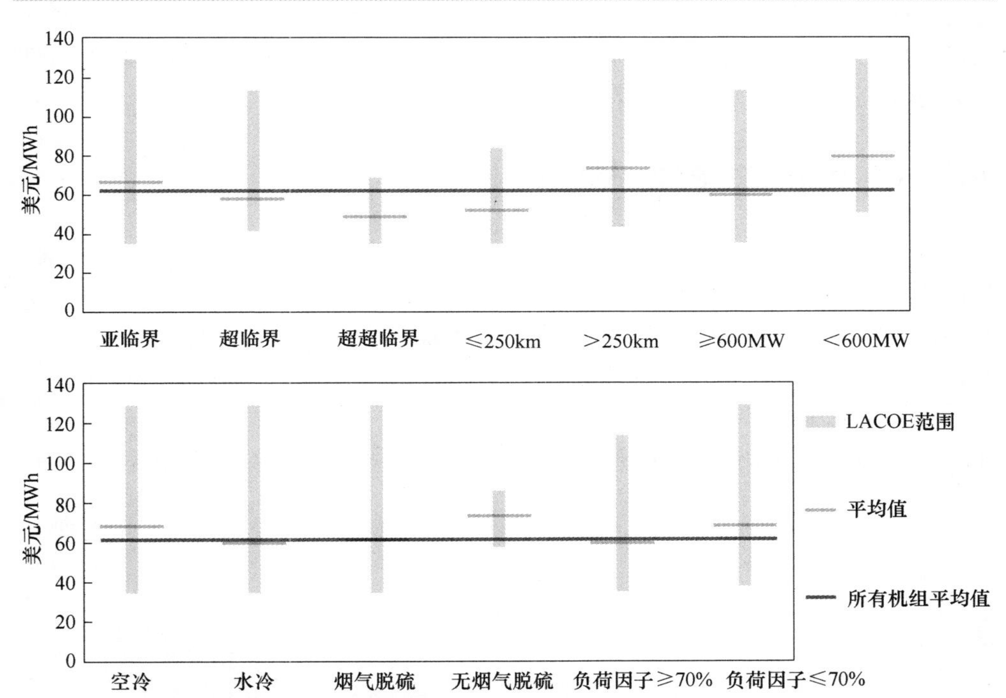

注：亚临界，超临界和超超临界蒸汽条件机组等级是由 CEC 划分的。距离是指每台机组的 CO_2 运输和封存成本最低时对应的距离。负荷因子是指 LACOE 计算时采用的 2012/2013 年的平均负荷因子。参考 Dahowski et al（2013），将 250km 作为阈值距离。

数据来源：IEA 分析。

改造成本最低的机组是于近期建成的。仅考虑 LACOE 最低的 10%的适合改造的机组（50 个机组的 LACOE 在 45 美元/MWh 以下），其中 42 个是在 2005 年后建成的。然而，这些电厂之间的某些因素存在差异，意味着在一定程度上需要在不同的成本之间进行权衡。例如，只有 16 台机组在 150km 内具有成本最低的运输和封存方案，而在 250km 范围内只有 33 台机组。因此，当 CO_2 捕集和封存的成本较低时，较长的运输距离也可能成为一种有吸引力的选择。

从蒸汽条件来看，虽然50台机组几乎都在600MW以上，但并非所有机组都可归类为超超临界。分析表明，对效率在39%及以上且有合适的CO_2封存地的大型亚临界电厂进行改造同样具有成本效益。在被CEC划分为亚临界的29台机组中，大多数需要重建蒸汽循环系统以降低在改造后的剩余寿命期内的成本。尽管使用了干式冷却，但是位于河北、山西和内蒙古的不同电厂的50台机组中，只有6台机组的LACOE较低。这些机组的服役年限较短，规模较大，并具有较高的负荷因子，其中一台机组的CO_2运输距离只有25km，是这些机组中最短的。

成本分析的意义在于说明为改造标准设定刚性阈值并非明智之举。可进行改造的最具经济效益的机组可能距离封存地较远，也可能处于亚临界状态或者位于水资源缺乏的区域。权衡成本因素意味着当选择最佳候选机组或制定CCS改造投资的激励政策时，要考虑到尽可能多的相关因素。

中国CCS项目的改造成本估计

与美国相比，中国CCS改造成本可能更低，因为其设备成本，材料成本，尤其是劳动力成本通常较低。虽然这些成本要素精确的成本乘数很难估计，但是本文通过转换，对中国具有代表性的改造成本提供了一个基本思路（图17）。结果表明具有最低改造成本的100GW燃煤机组的最高LACOE为168元/MWh。

图17 • 适合进行CCS改造的CEC机组的LACOE曲线（调整到具有代表性的中国成本水平）

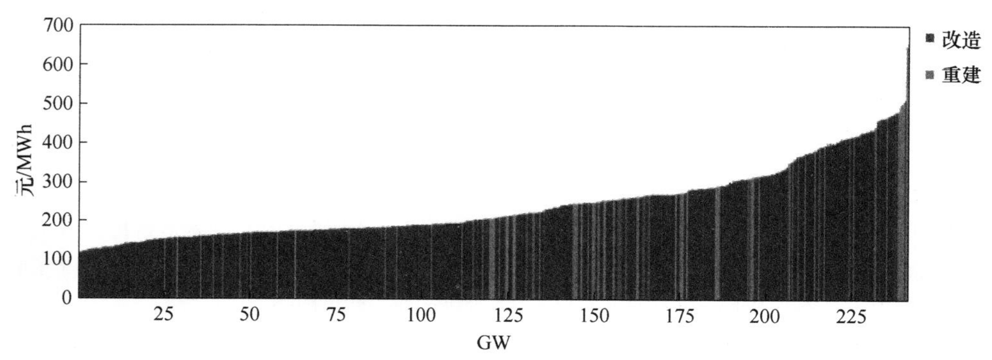

数据来源：IEA分析。

2015年中国火力发电的上网电价为35~45元/MWh（Haugwitz，2015）。商用规模的太阳能发电的上网电价为90~100元/MWh，接近于CCS改造后的LACOE估计范围的下限水平。通过CCS改造生产的低碳电力对电力系统具有更高的价值，因为它具有较高的全年可用性，并且可以响应供需变化。到2025年，太阳能发电和 CCS 的成本都有望下降，且在与 EOR 相结合的 CCS 项目的有效支持会进一步降低。而且，中国电力部门改革有望同期进行。然而，本书认为处于 LACOE 范围下限的 CCS 改造仍然在中国的低碳和创新技术支持范围内。

合理性检验：中国的 CO_2 封存资源是否充足？

前文针对 CO_2 封存地可获性的分析仅考虑了单台机组的改造，但实际上，多台机组改造后会出现最佳封存场地的竞争问题❶。这意味着，区域内的第一个 CCS 项目按照 CO_2 运输和封存的最低成本方案建设运输管道，而后续项目在考虑封存方案时需要将相同的管道路线排除。这可能会增加该区域后续项目的 CO_2 运输和封存费用，改变机组改造成本的排序。更重要的是，各项目之间的竞争可能会使一些机组无法在可接受的距离范围内找到合适的 CO_2 封存地。为研究最低成本 CO_2 封存地的竞争对总体成本增加的影响程度，我们进行了模拟（第 5 栏）。

模拟结果表明，即使对多个电厂进行改造，封存地之间的竞争也不会对 CO_2 的运输和封存成本有太大的影响，预计平均增长 1.4 美元/t CO_2。但是，如果以 250km 作为封存地的约束半径而不是 800km，那么竞争效应将会降低总体改造潜力。在不显著提高平均运输和封存成本的前提下，可以通过增加运输距离减少竞争。

总体而言，将满足适宜性标准的 310GW 机组捕集的 CO_2 进行封存，20 年将消耗中国陆上咸水层封存资源的 1.1%。

第 5 栏 • 封存地的竞争是如何影响改造可行性和成本的

在所有机组都进行改造的情景中，封存场地竞争的模拟最大程度地减少了 CO_2 的总运输和封存成本。模型中，部分机组优先分配了能满足其今后 20 年捕集量的封存地，后续的其他机组则不能使用这些封存地。本书只对满足所有适宜性标准的机组进行模拟，因为它们是可能参与竞争的最大机组数量。由于 CO_2 捕集成本并没有被包括在此项竞争分析中，所以该结果不可能被呈现在第 2 阶段结果的成本曲线中。今后的研究可以在这方面做进一步分析。有关该方法的更多信息见附录 5。

分析评估的关键指标：

- 符合适宜性标准的机组数的减少量

---

❶ 这里的竞争既包括两台机组为了获得一个共享的 CO_2 封存地时的直接竞争，也包括第一个 CCS 项目占用最优封存资源后使后续项目无法使用这些资源所带来的在时间尺度上的竞争。

- 受竞争效应影响的封存地距离的增加量
- 受竞争效应影响的运输和封存成本的增加量

因分析时假定所有适合改造的机组都被改造，故可认为该结果具有较高的影响水平。此外，该分析假设电厂机组和封存地之间的运输成本是根据 CO_2 流量确定的管道运输成本。这忽略了多台机组改造时降低 CO_2 运输和封存成本的可能性。当电厂机组之间和不同封存地之间的位置比较接近时，共享运输设施会降低成本。此外，虽然该分析仅考虑现有燃煤电厂，但其基础设施可与 2013 年后建成的具有 CO_2 捕集能力的发电厂、煤化工厂、钢厂、炼油厂或天然气发电厂等共享。如果这提高了中国 CCS 改造的整体水平，那么必然也会增加竞争效应，从而在成本方面进行权衡。

由于存在竞争，有 6 台机组（总装机容量为 4GW）在 800km 范围内无法匹配到合适的 CO_2 封存地。对于剩余的 306GW，由于竞争的存在，259GW 与不同的封存地匹配，但通常不伴随封存距离的大幅增加。这 306GW 机组与 CO_2 封存地的平均距离增加了 39km，CO_2 运输和封存的平均成本增加 5.5 美元/t CO_2（20%）。仅考虑在第 2 阶段中具有最低成本的 100GW 机组，由于竞争导致 CO_2 运输和封存成本的增加比例与 306GW 机组增加的比例是相似的，但绝对量平均只有 1.4 美元/t CO_2。如果对多台机组进行改造，较低的数字可能更能代表由于竞争而产生的额外成本。

参考 Dahowski et al（2013）的建议，将 CO_2 最大运输距离限制在 250km，其结果将更加明显。在满足改造标准的 310GW 机组中，234GW 在 250km 范围内具有合适的封存地，但由于竞争影响，只有 137GW 仍可在 250km 范围内获得合适的封存地。对于 137GW 机组来说，由于竞争因素的影响，其到封存地的平均距离增加 1km（从 169km 增加到 170km），运输和封存的平均成本增加 3 美元/t CO_2。

将 CO_2 运输距离限制在 250km 以内作为前提进行分析，结果表明竞争效应受潜在地理因素影响。首先，中国西北部地区的竞争并不是现有电厂 CCS 改造的关注点，因为只有两个满足适宜性标准的机组在该区域内具有最低成本封存方案，当机组数量增加到 8 台时，竞争效应才会显现。在中国，有 32 台机组需要从本区域内的最佳封存地迁移到另外一个区域的封存地。区域间迁移最明显的是，江苏、河北及山东的机组排放的 CO_2 需要迁移到其他区域进行封存。然而，这并不是因为中国东部地区的封存潜力不足。相反，由于同一区域内不同封存地的封存成本不同，转移到其他区域进行封存只是略微增加了运输和封存的组合成本，而非在同一区域内选择成本较高的其他封存地。

战略和政策启示

要　点

对中国重点地区的封存资源进行详细勘探是有必要的。 *目前，中国对地下地质的认识整体上较好，但对潜在封存地的详细地质情况的认识还不够。*

*中国需要****加大对燃烧后捕集技术项目的支持力度，*** *随着经验的积累和技术可行性的提高，促使技术规模不断扩大，以支持降低整个 CCS 改造价值链的成本。*

*中国 CCS 改造战略的第三个重要组成部分应是****确保新建的燃煤电厂具有较高的改造适宜性。***

在中国，政府和工业界可以采取多种措施以确保在未来几十年 CCS 改造成为可行且具有吸引力的选择。需要特别关注 3 个方面：

1. 促进 CO_2 封存的发展；

2. 持续的技术创新和成本降低；

3. 确保 CCS 预留。

CO_2 封存地勘探与开发

本书已明确指出，燃煤机组是否适合进行 CCS 改造不仅仅在于其是否以及如何安装 CO_2 捕集设备。诸如靠近合适的 CO_2 封存地等因素也会对成本产生较大影响，甚至在某些情况下，还将成为额外发电成本的最大组成部分。开发一个合适的咸水层封存场地用于封存 CCS 改造后捕集的 CO_2，需要花费数十年的时间。这就带来了具有挑战性的协调问题：为了使电厂能够做出改造的决策，运营商必须确保 CO_2 运输和封存的可行性。而且，开发封存地所面临的风险与安装 CO_2 捕集装置在本质上是不同的。前者的对象是整个地球系统，而后者是一个工程系统。

目前，中国对地下地质的整体认知水平良好，但对潜在封存地的详细地质情况的认识还不够。在 CCS 有望得到广泛部署前，在最有发展潜力的区域对封存资源进行详细的勘探是至关重要的。最佳的封存区域不仅要有良好的注入能力和封存潜力，其与 CO_2 捕集改造的电厂或者新建 CCS 电厂之间的距离也要接近。平衡自然资源开发的风险和收益在石油和天然气行业中普遍存在，而石油和天然气行业很可能是 CO_2 封存业务的主要参与者。这不仅仅是中国面临的挑战，也是全球 CCS 发展都面临的关键性问题（IEA，2015d）。

因此，中国十分有必要继续开发陆上咸水层封存，尤其是在人口和产业最集中的东部地区。CO_2 离岸封存的相关工作也应进一步加强，因为这种封存方式可以避免管道铺设过程面临的困难或避免通过人口密集的地区，而且能够重复利用现有的石油和天然气的基础设施，但在作为大型电厂的改造决策基础之前，还需要更多的关于 CO_2 离岸封存的成本和封存潜力等方面的信息。

CCS 在中国的创新与发展

未来 CCS 的成本相比于现在可以显著降低。CCS 改造价值链的各个环节均有机会降低成本，特别是燃烧后 CO_2 捕集的投资成本和运营成本（IEA，2015d）。企业通过建设和运营相关的 CCS 大型项目所获得的经验可以在很大程度上帮助其降低成本。因此，随着中国和世界其他国家一起使用 CCS 技术，干中学以及规模经济将有助于降低成本。毫无疑问，CO_2 捕集电厂在设计和运行过程中将会不断进行技术创新，这也有助于降低后续电厂的改造成本，使其效率更高。

相较于其他许多国家和地区，中国拥有巨大的机会来降低 CCS 成本，并创造世界领先的 CCS 产业。这主要是因为中国的电力行业广泛使用煤炭，市场份额巨大，因此拥有形成规模经济的巨大潜力。中国近期建设了大量的燃煤发电机组，得益于其巨大的机组规模和现有的污染控制技术，在 2025~2035 年间进行 CCS 改造对实现中国雄心勃勃的气候目标非常具有吸引力。此外，CO_2 地质封存的位置和距离似乎并不是一个显著的制约因素。为了实现成本的快速下降，中国有机会对现有和新建电厂逐步开展 CCS 部署计划，就像完成中国在 2005~2015 年间的燃煤电厂目标一样，充分利用规模经济和标准化的优点。

然而，只有齐心协力才能完成 CO_2 捕集技术的创新。由于缺乏大型 CO_2 商业市场，未来十年 CCS 技术的发展将在很大程度上仍依赖于政府和政策的支持[1]。为了升级 CO_2 捕集技术，使其能够在 2025~2035 年间用于电厂改造，需要

---

[1] 在中国，利用 CO_2 从煤中生产甲醇是一个特例。通过水煤气转换反应，将 CO_2 转化为 CO 并作为合成甲醇的原料。然而，甲醇合成并不是电厂改造后捕集 CO_2 的实际市场，这是因为利用燃烧后捕集技术捕集的 CO_2 比从煤化工厂捕集的 CO_2 成本更高，并且电厂不提供水煤气反应所需的氢气。虽然将 CO_2 销售给甲醇或其他化学品生产商在理论上可以提供一个销路来激励改造电厂降低 CO_2 的捕集成本，但是这种利用 CO_2 的方式没有 CO_2 地质封存的减排效果好。要使其与地质封存方式具有相同的减排效果，在相同减排水平下至少会使所需改造的电厂数量增加一倍。

政府和产业合作伙伴采取 4 种措施：

1. 支持大规模发电厂的**燃烧后捕集项目**并投入资金支持知识传播以促进后续项目的发展。为了降低成本，这是四个措施中最重要的行动，因为这能够汇聚许多的工程师和管理者，以便为将来的项目节约成本并开发标准化的价值链。中国接下来的项目规模都在 1Mt CO_2/a 及以上[1]，如果他们能在尽可能多年的现实的商业条件下运行，将具有极大的影响力。

2. **对可以降低 CCS 改造的投资成本和效率相关成本的技术进行研发**投资，包括更适用于中国发电厂的更好的溶剂、更好的材料和设计。积极考虑并开展富氧燃烧改造技术的研究和实验。这可能包括国际项目合作和技术合作。

3. **向电厂所有者和运营商提供有关 CCS 改造的政策支持**，并为电厂提供如何继续在中国的气候政策下盈利的指导。这包括在中国的法律框架下为 CCS 价值链的所有部分制定合适的标准和程序。

4. **支持能够为中国提供 CO_2 捕集和封存解决方案的企业**以实现整个供应链的协调发展。捕集和封存可能演变为独立的业务，也可能作为一个整体业务。虽然业务性质的差异意味着前者可能更适合中国，但最重要的是，中国要在 2025 年之后具备这样的商业市场。

在中国，已经有一些项目开始探索现有燃煤机组的 CO_2 捕集改造，这些项目为中国 CCS 改造提供了成本、运营和市场条件等方面的一些有价值的信息，如符合 CCS 改造多项适用性标准（第 6 栏）的玉环电厂示范项目。此外，某些电厂，如上海石洞口发电厂，已经进行了小规模的 CO_2 捕集改造。自 2009 年以来捕集量已经达到 1kt CO_2/a，并作为食品级的 CO_2 开始出售。

第 6 栏 • 玉环 CCS 改造项目

华能集团是 CEC 成员，在玉环燃煤发电厂开展了 CCS 改造的预可行性研究。这是在华南进行的第一个全流程的 CCS 改造项目，并率先在中国着眼于 CO_2 离岸封存。玉环电厂具有以下特点：

- 规模：4 台 1000MW 机组
- 年龄：所有机组均于 2006 年 11 月和 2007 年 11 月开始运行
- 负荷系数：76%~81%（2012~2013）
- 地点：浙江省
- 设计效率：44%

---

[1] 2016 年，世界上最大的燃烧后捕集厂将建于美国得克萨斯州，其项目为 Petra Nova 碳捕集项目，捕集能力为 1.4Mt CO_2/a。同样大小的两个燃烧后的项目将于 2019 年在中国的山东和广东的燃煤电厂进行开发（GCCSI，2015）。

• 污染控制效率：除尘率 99.7%，脱硫（SO_2）率 95%，脱硝（NO_x）率 80%

• 冷却方式：开环冷却

• 距离首选 CO_2 封存地点：海上 150km，陆上 617km

项目设想在未来几年从两台新建的 1000MW 机组中选择一台捕集 8%的 CO_2（500kt CO_2/a）。项目将采用燃烧后捕集技术，因为该技术相对成熟，且对电厂的影响最小。该技术将烟气预处理环节和捕集环节相结合，采用中间冷却和闪蒸的方法。此项技术由华能开发，并在石洞口电厂进行了试验。吸收剂也是内部研发的，已在北京的一台捕集设备上进行了试验，预计将以 94%的捕集率运行。按照设计，捕集设备将占地 9000m^2。

据预可行研究估计，CO_2 捕集和压缩的平准化成本约为 300 元/t CO_2（48 美元/t CO_2）。根据目前的结果计算，如果碳价为 50 元/t CO_2，并且提供 100 元/MWh 的清洁电力补贴，这个项目可能会具有正的投资净现值（NPV）。由于 CO_2 的运输量相对较少，通过租借的船只将 CO_2 运输到海上封存地点是最具吸引力的选择，也具有较高的经济可行性（Wang，2015）。

社会经济部分

除了技术发展外，还需要研究能源转型过程中 CCS 改造所产生的更广泛的社会经济影响。包括对电价的影响、CCS 改造建设和运营对就业的影响、对未来煤炭使用的影响以及与 CCS 改造和其他不同低碳技术选择相关的其他权衡和收益。

CCS 预留注意事项

中国 CCS 改造战略的第三个重要组成部分是确保尽可能多的新建燃煤电厂具有较高 CCS 改造适应性。即使今后所有的新建燃煤电厂都是超超临界电厂，如果在设计寿命结束之前不进行 CCS 改造，到 2040 年它们的排放量也可能会构成挑战。

在 WEO 450 情景中，中国 2040 年的发电排放量为 705Mt CO_2/a，相当于超超临界电厂燃烧 800g CO_2/kWh 的优质煤发电 900TWh[1]。在负荷系数为 75%的情

[1] 约 800g CO_2/kWh（净）是采用目前已知的超超临界电厂的最佳性能标准（EPRI，2015）.

况下，相当于150GW超超临界燃煤电厂的发电量。自2005以来，中国已建成130GW的超超临界电厂，预计在2040年以后还将继续运行。因此，如果按照450情景的排放轨迹，中国新建燃煤电厂就只有20GW的净增长空间，燃气电厂没有任何排放空间，除非一部分火电厂进行CCS改造或者负荷系数处在一个较低的水平。即使按照不太严格的排放轨迹，在没有任何CCS改造的情况下，不可能为中国2015年在建的68GW燃煤电厂和计划在建的406GW电厂在高负荷因子下提供足够的运行空间。

虽然现有的55%的CEC装机容量适合CCS改造，但是没有理由不能将2015年之后建造的电厂适合改造的比例提高到100%，并将新建电厂成本置于成本曲线的低端。本书分析中所讨论的因素能为CCS改造预留策略奠定坚实基础，有利于实现这一宏伟目标。

为CCS预留设计的新建燃煤机组不仅仅要表现出与燃烧后CO_2捕集相匹配的技术适用性（IEA/CSLF，2010）。如上所述，只要空间合适，对任何机组进行CC改造都是技术可行的。因此，CCS预留与商业机会和与CO_2封存点的距离一样，与电厂设计有着很大的关系。加拿大政府和欧盟实施的法规明确地描述了这一点（第7栏）。

以加拿大为例，在2025年之前，能够与CCS系统集成的新机组可以暂不执行国家排放性能标准（420g/kWh），或者直到机组具备进行CCS改造的条件（Canada，2012）。因此，CCS预留或配备CCS的电厂是加拿大唯一允许新建的燃煤电厂。与欧盟的定义一样，加拿大还要求提交CCS改造的经济评估，并附上一份实施计划。

第7栏 • 欧盟对CCS预留的定义

2012年，欧洲委员会就“关于利用欧洲排放权交易体系的收入为新建高效电厂提供投资援助”发表了指导意见（EC，2012）。最高等级的援助（10%~15%符合条件的费用）将用于建有CCS预留的电厂。欧盟对CCS预留的定义如下：

“CCS预留”指改造设备具有合适的封存地，并且运输设备和CO_2捕集改造在技术上和经济上是可行的。此外，要尽快利用充分的市场激励机制来形成一个CO_2价格门槛。特别地，CCS预留要求：

• CO_2捕集改造的技术可行性论证。应该开展针对特定地点的技术研究，以充分的工程细节展示该设施可以使用一种或多种已达到商业化使用水平或被可靠的评估机构所认可的技术以85%或更高的捕集率完全改造。

• 在要安装捕集设备的地点预留足够的额外空间。

- 确定一条或多条具有技术经济可行性的管道铺设路线或其他运输路线，以确保 CO_2 的安全封存。
- 确定一个或多个已被评估为适合安全地封存 CO_2 的封存点，并且要与预测的 CO_2 封存总量以及 CO_2 捕集率相匹配。
- 通过经济评估，论证将全部或者部分设备改造成一个集成 CCS 系统在经济上是可行的。该评估应该提供合理的情景分析依据，考虑多种因素，如 CO_2 价格预测，技术研究中确定的技术和封存方案成本，它们的误差幅度和预计的经营收入。这个评估将表明在 CCS 拟议安装的生命周期内的经济可行性。它也应该包括一个潜在的 CCS 实施计划，以及实施操作的潜在的时间表。
- 证明可以获得实施 CCS 的所有相关许可，并确认整个改造过程的相关程序和时限。

以加拿大为例，其旨在与 CO_2 捕集和封存系统集成的新建机组，直到 2025 年或者或直到 CCS 改造的条件具有吸引力以前，暂时不纳入国家排放绩效标准（420g CO_2/kWh）的考核范围（Canada，2012）。因此，在加拿大的新建电场中，CCS 预留或装备 CCS 的电厂是唯一获得许可的燃煤电厂。根据欧盟的定义，随着计划的执行，加拿大也需要提交 CCS 改造的经济评估报告。

加拿大法规指出 CCS 预留的一个重要方面：需要长期维护。加拿大 CCS 预留机组的运营商每年必须提交一份执行报告，详细描述当年采取的改造步骤、计划变动和经济前景。如果现场分配的空间未被保留，或者没有监测封存地点和运输路线中任何可能影响实施计划的演变，则 CCS 预留状态不能维持。

在中国，CCS 预留的评估需要考虑以下因素：

- 根据预期的中国有关当地污染，气候变化和自然资源的政策，拟建的燃煤电厂寿命可能会延长。
- 电厂机组的设计必须确保汽轮机或外部热源的热量对发电效率影响达到最小。
- 改造对当地水资源供应的影响。
- 与优质 CO_2 封存地点的距离，优质封存地点具有足够的容量封存改造的电厂生命周期内捕集的 CO_2，并且不存在与其他 CO_2 捕集电厂的竞争，尤其是可能会妨碍未来改造的“碳流分水岭”[1] 的竞争。
- 为 CO_2 捕集设备预留足够的可用空间。

---

[1] “碳流分水岭”是类似于流域的分水岭概念，其中从该区域的任何位置向其所包含的封存地点运输 CO_2 的预期成本比将 CO_2 运输到该区域外的封存地点都要低（Eccles，2014）。基于这项研究，这个定义可以扩展到包括 CO_2 运输和封存的组合成本，而不是单独的运输成本。

- 如果电厂将 CO_2 进行陆上封存，可能的管道路线，以及它们是否可能在现在或将来构成的任何重大地理，政治和社会等方面挑战。
- 与其他可能的新建电厂的位置和设计相比，未来的改造可能带来的预期的经济成本和收益，同时考虑到未来进口和国产煤炭的价值、地方和国家电网的电力需求以及低碳发电的奖励政策等因素。
- 在改造之前，如何在机组运行期间保持和发展支持未来改造的条件。

参考文献

Asian Development Bank （ADB）(2015)，*Roadmap for CCS Demonstration and Deployment for the People's Republic of China*，Global CCS Institute webinar presentation on 30 April 2015. http：//www. globalccsinstitute. com/insights/authors/WebinarOrganiser/2015/04/30/roadmap – ccs – demonstration–and–deployment–peoples–republic–china，accessed on 09 November 2015.

Bennett，S. J.，D. J. Schroeder and S. T. McCoy （2014），"Towards a framework for discussing and assessing CO_2 utilisation in a climate context"，*Energy Procedia*，Vol. 63，Elsevier，Amsterdam，pp. 7976–7992.

Benson，S and P. Cook （2005），"Underground geological storage"，in B. Metz et al. （eds），*IPCC Special Report on Carbon Dioxide Capture and Storage*，Cambridge University Press，Cambridge，United Kingdom and New York.

Bloomberg BNA （2015），*China tightens emissions，efficiency targets for coal plants*，Bloomberg BNA30 July 2015，Arlington，U. S.

Bloomberg New Energy Finance （BNEF）(2015a)，*What lies behind the dramatic rise in China's wind curtailment*？Analyst reaction，11 August 2015.

BNEF （2015b），*H1 2015 China gas market outlook*，5 May 2015.

Burnard，K. （2014），*Emissions Reduction through Upgrade of Coal–Fired Power Plants Learning from Chinese Experience*，IEA Partner Country Series，OECD/IEA，Paris.

Canada （2012），*Reduction of Carbon Dioxide Emissions from Coal–fired Generation of Electricity Regulations*（*SOR*/2012–167），Canadian Minister of Justice，Ottawa.

CEC （2015a），*Personal communication*，15 September 2015.

CEC （2015b），2014 年电力工业运行简况（2014 *Power industry run profiles*），http：//www. cec. org. cn/guihuayutongji/gongxufenxi/dianliyunxingjiankuang/2015 – 02 – 02/133565. html （accessed on 06 November 2015）.

CEC （2015c），*Thermal power development status of China*. Presentation given at IEA – ACCA21 meeting on retrofitting CCS on coal–fired power in China，7 July 2015，Beijing，China.

Clean Coal Centre Implementing Agreement （CCC IA）(2015)，*Potential for enhanced coalbed methane recovery*，Report CCC/252，IEA Clean Coal Centre，London.

Dahowski，R. T.，C. L. Davidson，X. C. Li，N. Wei （2013），"Examining CCS deployment potential in China via application of an integrated CCS cost curve"，*Energy Procedia*，Vol. 37，Elsevier，Amsterdam, pp. 2487–2494.

Davis, S. J. and R. H Socolow (2014), "Commitment accounting of CO_2 emissions", *Environmental Research Letters*, Vol. 9/8, IOP Publishing, Bristol UK, pp. 084018.

UK Department of Energy and Climate Change (DECC) (2009), *Carbon Capture Readiness* (*CCR*) *A guidance note for Section* 36 *Electricity Act* 1989 *consent applications*, The Stationary Office, London.

DDPP (2014), *Pathways to deep decarbonisation* 2014 *report*, *China chapter*, Sustainable Development Solutions Network and Institute for Sustainable Development and International Relations, Paris.

Dillon, D., J. Wheeldon, R. Chu, G. Choi and C. Loy (2013), "A Summary of EPRI's Engineering and Economic Studies of Post Combustion Capture Retrofit Applied at Various North American Host Sites", *Energy Procedia*, Vol. 37, Elsevier, Amserdam, pp. 2349–2358.

Eccles, J. and L. Pratson (2014), "A 'carbonshed' assessment of small–vs. large–scale CCS deployment in the continental US", *Applied Energy*, Vol. 113, Elsevier, Amsterdam, pp. 352–361.

Electric Power Research Institute (EPRI) (2015), *Can future coal power plants meet CO_2 emission standards without carbon capture & storage* ? Low–Carbon Coal Technology Assessment, October 2015, EPRI, Palo Alto, California.

European Commission (EC) (2012), *Guidelines on certain State aid measures in the context of the greenhouse gas emission allowance trading scheme post*–2012, Communication from the Commission 2012/C 158/04. European Commission, Brussels.

Florin, N. and P. Fennell (2010), *Assessment of the validity of approximate minimum land footprint for some types of CO_2 capture plant*, *provided as a guide to the Environment Agency assessment of Carbon Capture Readiness in DECC's CCR Guide for Applications under Section* 36 *of the Electricity Act* 1989.

Gale, J., J. C. Abanades, S. Bachu and C. Jenkins (2015), "Special Issue commemorating the 10th year anniversary of the publication of the Intergovernmental Panel on Climate Change Special Report on CO_2 Capture and Storage", *International Journal of Greenhouse Gas Control*, Vol. 40, Elsevier, Amsterdam, pp. 1–5.

Global CCS Institute (2015), *Large – scale projects database*, https://member.globalccsinstitute.com/GSOCCS/Projects/Pages/default.aspx (accessed 17 November 2015).

GCCSI (2010), *Global knowledge sharing framework. Phase* 1: *project reporting framework*, Global CCS Institute, Canberra.

UK–China (Guangdong) CCUS (GDCCUS) Centre (2014), *Guangdong CCUS Technical Workshop Week*, *Near Zero Emission Winter* 2014 *Special Issue*, http://www.gdccus.org/ShowPdf.aspx?str=20150516234449_.pdf (accessed on 05 November 2015).

Greenhouse Gas Implementing Agreement （GHG IA）(2013)，*Potential implications on gas production from shales and coals for geological storage of CO_2*，Greenhouse Gas Implementing Agreement Report IEAGHG 2013/10，Cheltenham，UK.

GHG IA （2011），*Retrofitting CO_2 capture to existing power plants*，Greenhouse Gas Implementing Agreement Report IEAGHG 2011/02，Cheltenham，UK.

Global Coal Plant Tracker （2016），Global Coal Plant Tracker database，http：//endcoal.org/global-coal-plant-tracker/ （accessed on 14 April 2016）.

Han，D-K.，C-Z，Yang，Z-Q. Zhang，Z-H. Lou andY-I Chang （1999），Recent development of enhanced oil recovery in China，*Journal of Petroleum Science and Engineering*，Vol. 22，Elsevier，Amsterdam，pp. 181-188.

Haugwitz，F. （2015），*China's distributed solar PV ambitions-policies and challenges*，AECEA presentation at the Asia Solar Energy Forum 2015. https：//d335hnnegk3szv.cloudfront.net/wp-content/uploads/sites/837/2015/06/2015_06_03_ASEF_ADB_AECEA_Frank_Haugwitz_FINAL.pdf （accessed on 17 November 2015）.

IEA （2015a），*Energy and Climate Change*，*World Energy Outlook Special Report*，OECD/IEA，Paris.

IEA （2015b），*Storing CO_2 through Enhanced Oil Recovery*，IEA Insights Series 2015，OECD/IEA，Paris.

IEA （2015c），*World Energy Outlook* 2015，OECD/IEA，Paris.

IEA （2015d），*Energy Technology Perspectives* 2015，OECD/IEA，Paris.

IEA （2015e），Medium-Term Coal Market Report 2015，OECD/IEA，Paris.

IEA （2014a），*Medium-Term Renewable Energy Market Report* 2014，OECD/IEA，Paris.

IEA （2014b），*World Energy Outlook* 2014，OECD/IEA，Paris.

IEA （2013），*Technology Roadmap：Carbon Capture and Storage*，OECD/IEA，Paris.

IEA （2012），*CCS Retrofit*，*Analysis of the globally installed coal-fired power plant fleet*，IEA Information Paper，OECD/IEA，Paris.

IEA （2010），*Projected Costs of Generating Electricity*-2010 *Edition*，OECD/IEA，Paris.

IEA/Carbon Sequestration Leadership Forum （CSLF）(2010)，*IEA/CSLF Report to the Muskoka* 2010 *G8 Summit prepared with the co-operation of the Global CCS Institute Carbon Capture and Storage*，*Progress and Next Steps*，OECD/IEA，Paris.

Jaramillo，P.，W. M. Griffin and H. S. Matthews （2007），"Comparative Life-Cycle Air Emissions of Coal，Domestic Natural Gas，LNG，and SNG for Electricity Generation"，*Environmental Science and Technology*，Vol. 41，American Chemical Society，Washington D. C. pp. 6290-6296.

Koornneef，J.，A. Ramirez，T. van Harmelen，A. van Horssen，W. Turkenburg and A. Faaij

(2010), "The impact of CO_2 capture in the power and heat sector on the emission of SO_2, NO_x, particulate matter, volatile organic compounds and NH_3 in the European Union", *Atmospheric Environment*, Vol. 44, Elsevier, Amsterdam, pp. 1369-1385.

Li, J. (2010) *Options for Introducing CO_2 Capture and Capture Readiness for Coal-fired Power Plants in China*, PhD Thesis, Imperial College London, UK.

Li, J., J. Gibbins, T. Cockerill, H. Chalmers, M. Lucquiaud and X. Liang (2011), "An assessment of the potential for retrofitting existing coal-fired power plants in China", *Energy Procedia*, Vol. 4, Elsevier, Amsterdam, pp. 1805-1811.

Lucquiaud, M. and J. Gibbins (2011), "Effective retrofitting of post-combustion CO_2 capture to coal-fired power plants and insensitivity of CO_2 abatement costs to base plant efficiency", *International Journal of Greenhouse Gas Control*, Vol. 5, Elsevier, Amsterdam, pp. 427-438.

Lucquiaud, M., P. Patel, H. Chalmers and J. Gibbins (2009), "Retrofitting CO_2 capture ready fossil plants with post-combustion capture. Part 2: requirements for natural gas combined cycle plants using solvent-based flue gas scrubbing", *Proceedings of the Institution of Mechanical Engineers Part A: J. Power and Energy*, Vol. 223, Institution of Mechanical Engineers, London, pp. 227-238.

Meldrum, J., S. Nettles-Anderson, G. Heath and J. Macknick (2013), "Life cycle water use for electricity generation: a review and harmonization of literature estimates", *Environmental Research Letters*, Vol. 8, IOP Publishing, Bristol, UK, pp. 015031.

National Bureau of Statistics (NBS) (2015), *Output of major industrial products: Electricity generation*. NBS, Beijing, http://data.stats.gov.cn (accessed on 04 November 2015).

National Energy Administration (NEA) (2015), *Monitoring report on China's wind power industry in* 2014, NEA, Beijing, http://www.nea.gov.cn/2015-02/12/c_133989991.htm (accessed 15 May 2015).

NEA (2013), *12th Five-Year Plan for Energy*, State Council, Beijing.

National Development and Reform Commission (NDRC) (2015), *Enhanced actions on climate change: China's Intended Nationally Determined Contributions*, 20 June 2015, NDRC, Beijing. http://www4.unfccc.int/submissions/INDC/Published%20Documents/China/1/China's%20INDC%20-%20on%2030%20June%202015.pdf (accessed 05 November 2015).

NDRC (2014a), 关于印发《煤电节能减排升级与改造行动计划（2014-2020年）》的通知 *On the issuance of "coal and transformation of energy-saving emission reduction action plan upgrade* (2014-2020)", NDRC, Beijing http://www.sdpc.gov.cn/gzdt/201409/t20140919_626240.html (accessed 19 November 2015)

NDRC (2014b), *China's Policies and Actions on Climate Change*, NDRC, Beijing.

NDRC (2007), *Proposal to State Council for Accelerating Decommission of Inefficient Small Size Gen-*

erating Units, NDRC, Beijing.

NDRC（2004），国家发展改革委关于燃煤电站项目规划和建设有关要求的通知 *National Development and Reform Commission on coal-fired power plant project planning and construction-related requirements*, NDRC, Beijing, http：//www.nea.gov.cn/2012-01/04/c_131262602.htm（accessed 19 November 2015）.

National Energy Technology Laboratory（NETL）（2015），*Cost and performance baseline for fossil energy plants supplement：sensitivity to CO_2 capture rate in coal-fired power plants*, DOE/NETL-2015/1720, NETL, Pittsburgh.

NETL（2008），*Water Requirements for Existing and Emerging Thermoelectric Plant Technologies. DOE/NETL*-402/080108, NETL, Pittsburgh.

NETL（2007），*Carbon Sequestration Program Environmental Reference Document*, *DOE/NETL DE-AT*26-04*NT*42070, August 2007, pp. 2-42, NETL, Pittsburgh.

NRG（2014），WA Parish Carbon Capture and Enhanced Oil Recovery Project. Presentation at Clean Coal Day in Japan 2014 International Symposium, 9 September 2014. http：//www.jcoal.or.jp/coaldb/shiryo/material/2_Session%202_speech%202_US%20NRG.pdf（accessed 04 November 2016）.

Platts（2015），*World Electric Power Plants Database*（*WEPP*），McGraw Hill, New York.

Polaris（2016），Heavy thermal power encounter "wake-up call"，【重磅】火电遭遇"当头棒喝" Polaris power grid 北极星电力网（Bjx.Com.Cn）. http：//news.bjx.com.cn/html/20160324/718971.shtml（accessed 11 April 2016）.

Purvis, N., A. Jones and C. Springer（2014）*Retrofitting Coal-Fired Power Plants in Middle-Income Countries：What Role for the World Bank*? The Brookings Institution Policy Paper 2014-01, Washington, D.C.

Reuters（2014），*China to 'declare war' on pollution*, *premier says.* http：//www.reuters.com/article/2014/03/05/us-china-parliament-pollution-idUSBREA2405W20140305（accessed 04 November 2015）.

SaskPower（2015），*CCS performance data exceeding expectations*, Press Release February 11, 2015, http：//www.saskpowerccs.com/newsandmedia/latest-news/ccs-performance-data-exceeding-expectations/（accessed 06 November 2015）.

State Council（2014），国务院办公厅关于印发能源发展战略行动计划（*Energy Development Strategy Action Plan* 2014-2020），http：//www.gov.cn/zhengce/content/2014-11/19/content_9222.htm（accessed 04 November 2015）.

Stéphenne, K.（2015），"Start-Up of World's First Commercial Post-Combustion Coal Fired CCS Project：Contribution of Shell Cansolv to SaskPower Boundary Dam ICCS Project", *Energy Procedia*, Vol. 63, Elsevier, Amsterdam, pp. 6106-6110.

Thambimuthu, K. , M. Soltanieh and J. C. Abanades (2005), "Capture of CO_2", in B. Metz et al. (eds), *IPCC Special Report on Carbon Dioxide Capture and Storage*, Cambridge University Press, Cambridge, United Kingdom and New York.

Turner, K. (2015), Preliminary study on developing economic multipliers for CO_2-EOR activity. Scottish Carbon Capture and Storage, https://www.era.lib.ed.ac.uk/bitstream/handle/1842/15723/SCCS-CO2-EOR-JIP-CO2-EOR-Multiplier-Study.pdf (accessed 08 April 2016).

U. S. Geological Survey (USGS) (2014), *USGS Compilation of Geographic Information System (GIS) Data Representing Coal Mines and Coal-Bearing Areas in China*, U. S. Geological Survey Open-File Report 2014-1219, Reston, U. S.

Wang, X. (2015), *Pre-feasibility study of Yuhuan CCS Project*. Presentation given at IEA-ACCA21 workshop on CO_2-EOR in China, 8 July 2015, Beijing, China.

Wang, Z. Y. , H. Gao. and D. D. Zhou (2006), "China's achievements in expanding electricity access for the poor", *Energy for Sustainable Development*, Vol. 10/3, Elsevier, Amsterdam, pp. 5-16.

Wei, N. , X. Li, R. T. Dahowski, C. L. Davidson, S. Liu and Y. Zha (2015), "Economic evaluation on CO_2-EOR of onshore oil fields in China", *International Journal of Greenhouse Gas Control*, Vol. 37, Elsevier, Amsterdam, pp. 170-181.

White House (2014), *Fact sheet: U. S. -China joint announcement on climate change and clean energy cooperation*, 11 November, https://www.whitehouse.gov/the-press-office/2014/11/11/fact-sheet-us-china-joint-announcement-climate-change-and-clean-energy-c (accessed 06 November 2015).

Xinhua (2014), *Xi Jinping: actively promoting China's energy production and consumption revolution*, http://news.xinhuanet.com/politics/2014-06/13/c_1111139161.htm (accessed 04 November 2015).

Zero Emissions Platform (ZEP) (2011), *The costs of CO_2 storage, post-demonstration CCS in the EU*. European Technology Platform for Zero Emissions Fossil Fuel Power Plants. Brussels, Belgium.

Zhai, H. , Y. Ou and E. Rubin (2015), "Opportunities for Decarbonizing Existing U. S. Coal-Fired Power Plants via CO_2 Capture, Utilization and Storage", *Environmental Science and Technology*, Vol. 49, American Chemical Society, Washington, D. C. , pp. 7571-7579.

Zhang, L. , B. Ren, H. Huang, Y. Li, S. Ren, G. Chen and H. Zhang (2015), CO_2 EOR and storage in Jilin oilfield China: Monitoring program and preliminary results, *Journal of Petroleum Science and Engineering*, Vol. 125, Elsevier, Amsterdam, pp. 1-12.

Zhou, D. D. Zhao, Q. Liu, X. Li, J. Li, J. Gibbons and X. Liang (2013), "The GDCCSR Project Promoting Regional CCS-Readiness in the Guangdong Province, South China", *Energy Procedia*, Vol. 37, Elsevier, Amsterdam, pp. 7622-7632.

附录 1　煤炭在中国面临的政策环境

局部污染

中国的空气污染水平远远超过世界卫生组织所设立的安全标准。不断加剧的污染主要是由直径小于 2.5μm 和小于 10μm 的颗粒物（PM2.5 和 PM10）的排放造成的。在人口密集地区，PM2.5 的主要来源是煤炭燃烧，包括当地居民使用的小型锅炉以及汽车的尾气排放。

在 2008 年北京奥运会和 2010 年上海世博会的筹备阶段，中国的主要城市和地区开始采取一系列行动以改善城市的空气质量。就北京地区而言，市区内大量的重工业企业和燃煤电厂已被强制搬迁或关闭。此外，在空气污染较为严重的时候，为限制汽车尾气排放，北京市政府制定了更为严格的车辆购买及限行政策。同时，公共交通基础设施建设的规模也在扩大，其中包括建成了世界上最长的高速铁路网络。

2011 年，电厂污染物排放开始采用新标准，其中：汞 $\leqslant 0.03\mathrm{mg/m^3}$、$SO_2 \leqslant 200\mathrm{mg/m^3}$、$NO_x \leqslant 100\mathrm{\mu g/m^3}$、颗粒物 $\leqslant 30\mathrm{mg/m^3}$（WRI，2012）[1]。目前这一标准较为接近欧盟和美国所采用的标准，但欧盟和美国可能会在未来几年内对污染物排放采取更为严格的限制。

2013 年，中国国务院发布了《大气污染防治行动计划》，其目的在于改善空气质量，减轻空气污染，尤其是在三个重点区域。具体目标为，到 2017 年：

1. 京津冀、长江三角洲以及珠江三角洲地区 PM2.5 年均浓度分别下降 25%、20% 和 15%。

2. 全国地级及以上城市 PM10 年均浓度较 2012 年下降 10% 以上，空气质量优良天数逐年提高。

3. 北京市 PM2.5 年均浓度控制在 $60\mathrm{\mu g/m^3}$ 左右。

从 2015 年 1 月起，新的且更加严格的商品煤交易标准开始实行。这些标准包括禁止销售或进口含硫量大于 3%（褐煤 1.5%）和灰分含量大于 40%（褐煤

---

[1] 对四个省份的高硫燃煤电厂和 2004 年之前建成的电厂的要求更为严格。

30%）的煤炭，并且对微量元素实施更为严格的限制（NDRC，2014a）。对于运输距离超过600km的煤炭，需执行下述更加严格的标准：热值≥18GJ/tce（褐煤16.5GJ/tce）、含硫量≤2%（褐煤1%）、灰分含量≤30%（褐煤20%）。对于北京、天津、唐山等城市及其周边地区、长江三角洲地区及珠江三角洲地区的家庭和较小的用户群，其标准为：含硫量≤1%、灰分含量≤16%。

在法律层面，新修订的《环境保护法》中规定：自2015年1月起，允许非营利组织通过法院就环境污染问题起诉相关方，即使生态环境目前尚未遭到破坏，只要该组织能够证明污染行为未来将对公众健康产生巨大危害，起诉仍可成立。首例由非营利组织起诉工业污染企业的案件已被山东省一家法院受理。这表明，针对环境污染的违法处理措施在未来几年可能会变得更加有效（Qin，2015）。

温室气体

1990~2012年间中国人均 CO_2 排放量增加了3倍，达到了6.1t/a。虽然这仍低于IEA成员国的平均水平（人均10.4t/a），但已基本与欧盟的平均水平持平（人均6.9t/a）。从绝对数量来看，2012年中国的 CO_2 排放量位居世界第一，达到82.51亿吨，相比之下，美国的 CO_2 排放量仅为50.74亿吨。

《国家应对气候变化规划（2014-2020年）》中提出：到2020年，单位GDP CO_2 排放比2005年下降40%~45%。从“十一五”开始，中国政府一直在努力地实现这一目标。能源部门在节约能源的同时注重提高能源效率，2010-2015年期间，单位GDP CO_2 排放降低17%，能源强度降低16%。2013年单位GDP CO_2 排放比2012年相下降4.3%，比2005年下降29%，相当于累计减排2500万吨 CO_2（NDRC，2014b）。2016年10月中国国务院发布《“十二五”控制温室气体排放工作方案》，对各省、自治区、直辖市碳强度控制目标的制定做出了重要指示。

中国49%的 CO_2 排放来自电力生产，其中燃煤发电排放的 CO_2 占98%。中国电力生产的平均碳排放强度已经由1990年的1002g CO_2/kWh下降到了2012年的819g CO_2/kWh。

“十二五”（2011~2015年）期间的主要目标是“逐步建立碳排放权交易市场”。在筹备过程中，中国政府将在5个城市和2个省份开展碳排放权交易试点活动（IEA，2014a）。到2014年，7个试点地区已经全部开始运行。预计这些碳交易试点将为“十三五”初期全国碳排放权交易市场的建立奠定基础。

能源结构

为了应对空气质量、能源安全和气候变化等问题，中国政府已出台许多相关政策来提高非化石能源在一次能源消费中的比重。2012 年该比例为 12%，预计到 2020 年和 2030 年，该比重将分别提升至 15%和 20%。《能源发展战略行动计划（2014-2020 年）》中提出：到 2020 年，煤炭在中国一次能源消费中的占比由 66%下降至 62%，并且一次能源消费总量控制在 48 亿吨标准煤左右（国务院，2014）。这意味着到 2020 年煤炭消耗总量将增加到 30 亿吨标煤，2013～2020 年的年均增长率仅为 0.4%，而过去十年内的年均增长率为 8.6%。该计划还提出要增加天然气在中国一次能源消费中的占比，即从 2012 年的 4%增加到 2020 年的 10%，这也将促使天然气替代煤炭在居民住宅领域的使用。为实现上述关于天然气利用的目标，中国政府需要加大对常规和非常规天然气资源的勘探力度并积极建设天然气管道设施，到 2020 年天然气管道总里程需达到 120000km。虽然这些指标表明了政府短期的决心，但据了解，由于 2015 年年底上调了煤炭消费量的数据，这些数据本身是存在问题的。

国家能源局制定的 2020 年非化石能源电力的目标如下（IEA，2015）：

- 水力发电装机容量 420GW；
- 陆上风力发电装机容量 170GW；
- 核电装机容量 55GW；
- 太阳能光伏（PV）发电装机容量 47GW；
- 海上风力发电装机容量 30GW；
- 生物质发电装机容量 30GW；
- 聚光太阳能热发电（CSP）装机容量 3GW。

这些数据表明，2013 年中国非化石能源电力的装机容量将翻倍，并且 2013～2020 年全球可再生能源电力的装机容量将增长 38%[1]。这也将使得中国单位发电的 CO_2 排放量持续下降，其在 2003～2012 年间的年均降幅为 18g CO_2/kWh（年均下降率 2.2%）(图 A.1.1)。

在区域层面，2013 年 9 月中国政府宣布将不再批准在主要人口中心区新建燃煤电厂的申请，这主要包括“清洁空气，减少煤炭”的地区，即北京、天津、长江三角洲和珠江三角洲地区。但允许这些地区的热电联产机组继续使用煤炭，到 2020 年 28%的燃煤发电量应该是由热电联产产生的（NDRC，2014c）。根据北

[1] 2014 年可再生能源中期市场报告。

京市政府的相关规定，到 2017 年现有燃煤发电将逐步被天然气发电取代，到 2015 年煤炭在一次能源消费中的占比不超过 65%。中国几乎一半的省和地区都已制定了限制煤炭消费的目标（表 A. 1. 1）。

图 A. 1. 1 • 中国单位发电的 CO_2 排放量

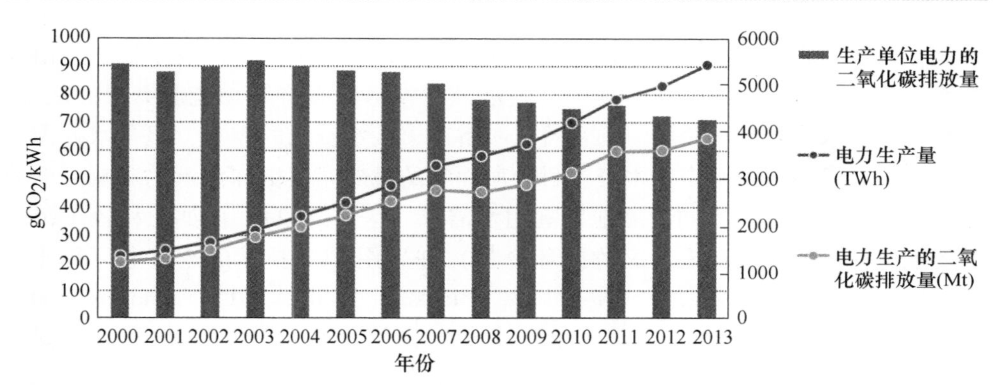

数据来源：IEA 统计数据。

表 A. 1. 1 • 2012~2017 年中国各省的煤炭消费目标

省份/地区	2012 年消费量（Mtce）	2017 年目标（Mtce）(从 2012 年起的年变化率)
北京	23	10（-16%）
重庆	68	54（-4. 5%）
广东	176	160（-1. 9%）
河北	314	274（-2. 7%）
江苏	278	301（+1. 6%）
吉林	111	100（-2. 1%）
辽宁	182	142（-4. 8%）
山西	158	138（-2. 6%）
山东	402	382（-1. 0%）
上海和浙江	201	177（长江三角洲地区整体为 0%）
天津	53	43（-4%）

注：长江三角洲地区包括上海市、江苏省和浙江省。

数据来源：NDRC，2015；IEA 分析。

自然资源的可获性

水资源短缺问题已经成为中国能源系统规划人员面临的巨大挑战，而造成水资源短缺的主要原因包括水污染、用水量增加、淡水抽取以及水分胁迫程度增强等。这是因为大型热电厂，无论其使用核能、煤炭、天然气、生物质能或是聚光太阳能，都会消耗大量的水。此外，大范围的水污染、水质恶化导致水资源的供需失衡问题日趋严重，特别是在北方地区。

在“十二五”期间，国家发展和改革委员会制定了单位工业增加值用水量降低30%的目标，水资源的相关问题也已引起了中国能源部门的高度关注。中国计划在天津和青岛等沿海城市建立海水淡化厂，以保障水资源的安全供应。由于海水淡化过程中的能源消耗量较大，发展该项技术势必将增加能源需求。此外，虽然涉及海水冷却的相关沿海项目可以缓解对于淡水资源的需求，但是水处理和储能设施的发展也将对中国水资源目前所面临的挑战产生更加深远的影响。电力生产方式的选择也会不同程度地影响用水需求（表 A. 1. 2）。例如，相较于传统的燃煤电厂，使用冷却塔（又称闭环冷却）并采用 CCS 技术的燃煤电厂每兆瓦时发电量的水耗可能会增加50%~110%（Macknick et al.，2012；Meldrum et al.，2013）。然而，干式冷却对于整个电厂或 CO_2 捕集装置来说是一个可行的选择，以适当的效率损失为代价可以避免用水量的增加。

表 A. 1. 2 • 典型发电技术对应的耗水量

技　术	耗水量（L/MWh）
水力发电	5400~68100
CCS 燃煤发电（亚临界、塔式冷却）	3400~3600
CSP（槽）	2800~4200
CCS 燃煤发电（超临界，塔式冷却）	3000~3400
核电（塔式冷却）	2200~3200
无 CCS 的燃煤发电（超临界，塔式冷却）	1700~2200
无 CCS 的天然气联合循环发电（塔式冷却）	500~1100
有或无 CCS 的燃煤发电（干式冷却）	5~10
光伏和风力发电	0~1

注：干式冷却的耗水量是根据相关文献估算的。

数据来源：Macknick et al.，2012。

参考文献

IEA（2015），Energy Technology Perspectives 2015，OECD/IEA，Paris.

IEA（2014a），Emissions Trading in the People's Republic of China：A Simulation for the Power Sector. OECD/IEA，Paris.

IEA（2014b），Renewable Medium term Market Report. OECD/IEA Paris.

Macknick J.，R. Newmark，G. Heath and K. C. Hallett（2012），Operational water consumption and withdrawal factors for electricity generating technologies：a review of existing literature. *Environmental Research Letters*，7，045802. IOP Publishing，Bristol，UK.

Meldrum，J.，S. Nettles-Anderson，G. Heath and J. Macknick（2013），Life cycle water use for electricity generation：a review and harmonization of literature estimates. *Environmental Research Letters*，8，015031. IOP Publishing，Bristol，UK.

NDRC（National Development and Reform Commission）（2015），*Enhanced actions on climate change：China's Intended Nationally Determined Contributions*. 20 June 2015. http：//www4.unfccc.int/submissions/INDC/Published%20Documents/China/1/China's%20INDC%20-%20on%2030%20June%202015.pdf.

NDRC（2014a），National Development and Reform Commission，People's Republic of China，People's Republic of China Ministry of Environmental Protection，People's Republic of China Ministry of Commerce，General Administration of Customs People's Republic of China，State Administration for Industry and Commerce，The State Administration of Quality Supervision，Inspection and Quarantine，Order No. 16 on *Interim Measures on Management of coal quality goods*（商品煤质量管理暂行办法）. NDRC，Beijing.

NDRC（2014b），*China's Policies and Actions on Climate Change*. NDRC，Beijing.

NDRC（2014c），关于印发《煤电节能减排升级与改造行动计划（2014-2020年）》的通知 *On the issuance of "coal and transformation of energy-saving emission reduction action plan upgrade*（2014-2020）"，NDRC，Beijing http：//www.sdpc.gov.cn/gzdt/201409/t20140919_626240.html（accessed 19 November 2015）.

Qin，L.（2015），China court to hear 30m yuan air pollution lawsuit，China Dialogue，London，U.K.，https：//www.chinadialogue.net/article/show/single/en/7790-China-court-to-hear-3-m-yuan-air-pollution-lawsuit-（accessed on 04 November 2015）.

State Council（2014），*Energy Development Strategy Action Plan*（2014-2020）国务院办公厅关于印发能源发展战略行动计划. Accessed 4 November 2015：http：//www.gov.cn/zhengce/content/2014-11/19/content_9222.htm.

World Resources Institute（WRI）(2012)，China Adopts World-Class Pollutant Emissions Standards for Coal Power Plants. China FAQs，WRI，Washington，D. C.

附录 2　对 CO_2 捕集技术的深入思考

CO_2 捕集方案已被用于改造全球数以万计的煤电厂。就规模来说，既有 0.5MW 的试点项目，如华能北京高碑店项目，又有像加拿大边界大坝这样装机容量高达 110MW 的大型项目。与此同时，另外几个大规模的改造计划已经进行了详细的工程可行性研究，其结果将被公示，用来作为政府立项的参考。此外，国际相关研究机构发表了大量有关改造方案的设计与选择的研究。这篇附录利用已有的文献资料，集中描述了进行 CCS 项目改造的科学方法以及它们对电厂的运作方式和生产效率的具体影响。

本附录将按如下顺序介绍：

简单的改造（对电厂以最小的改动添加 CO_2 捕集装置）：

- 资本支出；
- 能源需求；
- 空间要求。

改造电厂使其能够实现改造或是完善改造：

- 污染控制；
- 锅炉和涡轮机升级；
- 富氧燃烧。

CO_2 燃烧后捕集的替代性新技术。

简单的改造：以尽可能小的改动增加 CO_2 捕集装置

最简单的改造方式往往是利用 CO_2 捕集设备改变锅炉烟气的排放轨迹。燃煤电厂废气中的 CO_2 通常占总体积的 12%～14%，这部分 CO_2 中的绝大多数在通过 CO_2 捕集装置后被分离出去，剩余的气体（主要是氮气和水蒸气）将通过烟囱或冷却塔被排放到大气中，而被捕集的 CO_2 则被压缩至管道中，通过管道运走以便之后的使用或储存，这个过程被称为燃烧后捕集，因为在这一过程中，CO_2 是在发电过程的最后阶段才被从烟气中分离出来。由于这一过程最大程度上保持了原有发电过程的完整性，因此是适用性最高的改造方式。

目前，国际上惯用的从废气中分离 CO_2 的方法为胺溶剂吸收法，这种方法需要两个容器，一个 CO_2 吸收器和一个 CO_2 汽提塔（图 A. 2. 1）。在 CO_2 吸收器中，烟气与胺溶剂充分接触，CO_2 会被溶剂吸收。通常认为最合适的 CO_2 吸收比例为 90%~95%。想达到更高的 CO_2 吸收比例在技术上是可行的，但这需要更多的能源和更大型的设备。在 CO_2 汽提塔中，CO_2 吸收溶剂将被持续加热至蒸汽状态，当温度达到某一数值时，纯净的 CO_2 将从蒸汽中分离出来。之后，溶剂将被送回 CO_2 吸收器中循环利用。冷却通常需要利用电厂的冷却水回路，用于冷却进入吸收塔的 CO_2，压缩前从 CO_2 中冷凝出溶剂，压缩时冷却 CO_2。

图 A. 2. 1 • 燃烧后 CO_2 捕集装置原理图

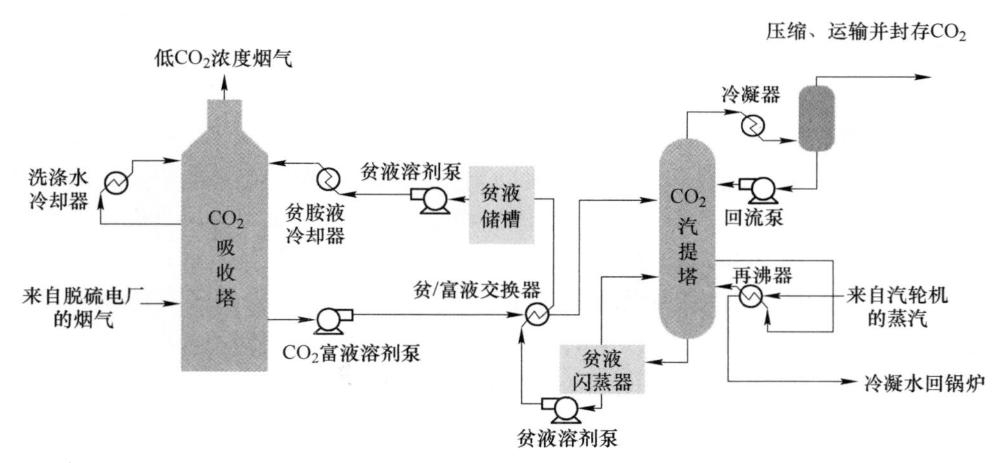

数据来源：IEA，2015。

CO_2 汽提塔使用的蒸汽通常来自电厂汽轮机。就目前的溶剂来说，压力约 4. 5bar（0. 45MPa）的蒸汽能够最大程度地减少能量损失，因而较为理想（Lucquiaud et al，2009）❶。一般来说，中压汽轮机和低压汽轮机之间的交叉管是提取蒸汽最合适的位置。这些蒸汽，若未被从涡轮机中移除，将会被用于发电，所以 CO_2 捕集会降低电厂机组的总发电量。同时压缩机将 CO_2 压缩并运输至电厂外的过程也需要消耗发电机组产生的电力，从而进一步降低了电厂的净发电量。

使用该方法捕集 CO_2，燃煤电厂机组的净发电量会减少约 20%~30%。也就是说，为了实现低碳发电的目标，在进行 CCS 改造后，一台 600MW 机组的发电能力将被降到约 480MW 或者更低。

由于 SO_2 会污染溶剂，所以要求进入胺剂 CO_2 捕集设备的烟气中的 SO_2 含量必须低于 10~100ppm（Bailey and Feron，2005）。基于这方面的原因，没有高效

❶ 如果从涡轮机中提取出来的蒸汽压力高于 5bar（0. 5MPa），可以使用背压式汽轮机对其进行转换（见下文）。

脱硫系统的电厂需要在进行 CCS 改造的同时安装相应的脱硫系统。

对电厂机组的局部改造可能会使一小部分烟气绕过 CO_2 捕集装置，因而局部改造的机组的 CO_2 排放强度比全面改造的机组要高。然而，在某种情况下为了匹配联合循环燃气轮机（CCGT）的排放强度，只让大约 2/3 的烟气通过 CO_2 捕集设备，则捕集率会低于 50%。捕集率低于 90%后每降低 10 个百分点，投资成本和平准化电力成本增量将分别降低 10%左右，但这其中不包括 CO_2 的运输和封存成本（NETL，2007）。然而，较低的捕集率导致了更高的单位发电量 CO_2 排放。受规模经济影响，当捕集率低于 90%后，捕集量每下降 10 个百分点，单位 CO_2 减排成本增加 5%左右。

灵活性

化石燃料电厂生产运营的灵活性可以在很大程度上帮助电厂适应电力需求的变化，这种灵活性在最近几年更加明显，这种现象一定程度上反映了多变的可再生电力的扩张。与此同时，一些学者担心实施燃烧后 CO_2 捕集会降低电厂的灵活性，因为溶剂再生器的启动次数低于电厂的汽轮机，从而限制了 CO_2 压缩机的效率，而且 CO_2 的运输和存储设施是否能够接受间歇的 CO_2 蒸汽还有待研究。通过建模研究发现，装备 CCS 技术的电厂在经过适当调整设计后其灵活性不一定受到限制（Cohen，Rochelle and Webber，2011；Lucquiaud，Chalmers and Gibbins，2007）。灵活的 CCS 改造可以通过提供低碳的可调度电力给电网带来可观的收益。同时，电厂运营商也可以在更多时期内包括高电价时期获取利润。

多个设备的组合使用可能可以解决 CO_2 压缩机效率低这一问题。适当的设备设计和控制机制，可以减少启动过程中的 CO_2 损失。甚至在实现快速动态加载以及快速关闭的过程中也不会出现额外的 CO_2 损失。当然这种理想化的操作需要在大型发电厂进行验证和优化。

此外，燃烧后 CO_2 捕集改造甚至可以提高电厂运行的灵活性。一个消耗大量蒸汽和电力的捕集机组可能会通过关停的方式提高大约 25%的净发电量，而未安装 CO_2 捕集装置的电厂除非是在部分负载的情况下，否则是不可能实现这一目标的。电厂进行 CCS 改造后同样能够拥有承载电厂改造前全部发电量的电网连接。CCS 改造的经济性将通过预估平衡服务期内这些性能的所有成本与增加 CO_2 排放量相关的惩罚成本来确定。

除此之外还有一些其他选择可以在不增加排放量的同时提高运营的灵活性性，这些方法看起来极具前景，但受到 CO_2 排放处罚力度和电力需求的制约。一种选择是照常捕集 CO_2，但是推迟能量消耗相对集中的溶剂再生、CO_2 分离与压缩等过程的时间，直到电力需求和电力价格较低的时期。但额外溶剂的成本和存储溶剂的成本将可能大于捕集电厂所节约的成本。

与当前的火力发电机组一样，负荷加载和加速操作会产生相关的额外费用。例如由于减少了材料的寿命和在部分负荷下的低效率运行等折算的费用。尽管运行时间远低于预计，且额定产能和效率低于联合循环燃气涡轮机（CCGTs），但对于开式循环燃气涡轮机的投资仍将继续，一是因为在可变运行时间内的成本，通常是高峰电价，是可以被收回的，二是因为绝对的资本支出较低。

资本支出

燃烧后捕集 CO_2 改造的项目成本（估值下调的电厂）：

1. 包括 CO_2 吸收器、CO_2 汽提塔、泵和管道工程在内的 CO_2 捕集设备；
2. 蒸汽和电力集成的细微改造；
3. 压缩机；
4. 任何包括脱硫、锅炉汽轮机改造或升级在内的重大改造。

使用胺溶液捕集 CO_2 并不是一项新技术。然而，对于大型设施如发电站，如何做到在部署这项已有的技术以减少碳排放的同时不断降低成本，优化升级，却是一项重大挑战。在探索如何优化 SO_2 和 CO_2 捕集方案的过程中，壳牌康索夫（Shell Cansolv）采用混凝土代替钢铁作为吸收塔材料的这一举措既降低了成本又未对相关性能产生影响（Shaw，2012）。这是 CCS 中创新驱动成本降低的一个生动案例。边界大坝电厂的运营商 SaskPower 表示，通过第一次改造的建设和运营，他们已经掌握了足够将第二个项目成本降低 30%的经验（Monea，2015）。

能源需求

基于燃烧后捕集的 CO_2 分离技术相对成熟，因为这一技术由为食品和化学品部门以及后来的三次采油提供 CO_2 源发展而来。作为可以减缓气候变化的技术，胺溶剂吸收法已在近期取得重大进步。自 1990 年以来，新溶剂的研发和更优的电厂整合方案使从烟气中分离 CO_2 所需的能量降低了 50%（图 A. 2. 2）。

由于电厂烟气中 CO_2 气压较低，而运输、封存 CO_2 需要高压，所以 CO_2 捕集的能源成本相对较高。胺溶剂吸收过程中，主要的能量消耗出现在溶剂再生及溶液中 CO_2 的提纯过程。具体来说，消耗的能量用于加热溶剂（其中大部分是水）、分离与溶剂进行化学结合的 CO_2 和溶剂的循环。胺基溶液系统中，将捕集的 CO_2 压缩到 11MPa 需要的能量为 0. 4GJ_e/t CO_2，用于其他需求的能量可达 0. 1GJ_e/t CO_2，这些能量通常靠电力提供（Thambimithu，2005）。从 0. 1MPa 压缩至 15MPa 所需的最小能量为 0. 24GJ/t CO_2（Feron，2009）。

图 A. 2. 2 • 燃烧后捕集 CO_2 分离能耗的降低

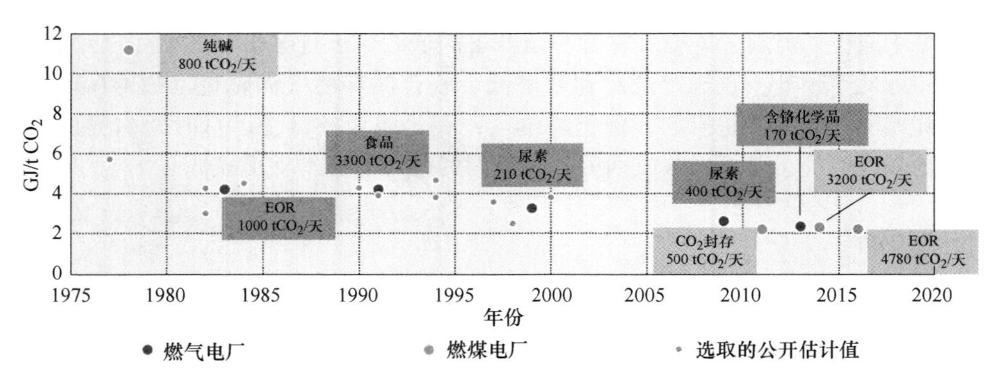

注：$GJ_{th}/t\ CO_2$ = 分离 1t CO_2 所需的热能。
数据来源：IEA，2015。

通常认为，电厂的效率水平是决定是否要对电厂进行改造的决定性因素，而事实并非如此。两个除效率外其他条件都相同的燃煤电厂，例如，亚临界和超临界电厂，在相同的电力价格的前提条件下，CO_2 减排的成本相近❶（Lucquiaud and Gibbins，2011）。这是因为这两种电厂捕获和压缩 1t CO_2 所需的能量几乎是相同的。在假设捕获率和燃料来源相同的情况下，改进的亚临界电厂将会降低单位发电量的 CO_2 排放量，但将导致更高的资本投入——这种资本投入可能与每兆瓦需要额外捕集的 CO_2 量成比例——以及效率的降低，发电能力大幅下降，导致在竞争市场中售电收入减少。

对 20 世纪 70 年代和 80 年代建造的四个美国燃煤电厂的 CO_2 捕集改造项目的详细研究一致显示其高热值（HHV）效率持续减少大约 30%~35%，产能降低 25%~35%。这些电厂，装机容量为 129~1800MW，由于其他特定的因素，如煤的质量、污染控制水平和涡轮机的压力，使得电厂效率和效率降低的幅度之间没有显示出直接的关系（Dillon et al.，2013a）❷。

当使用胺溶剂分离 CO_2 的能量恰好低于 $2GJ_{th}/t\ CO_2$ 这一限制时，提高热集成度可以减少整体的能量损失。提高热集成度可以通过回收溶剂再生后 CO_2 气流离开汽提塔带出的热量和 CO_2 压缩机中间冷却器的热量得以实现。这一系列措施所得蒸汽将取代那些原本从低压涡轮处得到的蒸汽，还可以补偿部分因改造而流向低压涡轮的低蒸汽流。专家的合理预期为，到 2025 年，把效率损失限制在

---

❶ 这可能是一个潜在的 CO_2 价格，即使 CO_2 定价政策已足以引发投资，在该价格下 CCS 改造还可以实现突破。

❷ 电厂基础效率高是 CO_2 捕集损失较低的一个良好指标，但这其中的部分原因是，低效率的电厂往往有蒸汽循环设计，当集成 CO_2 捕集系统时产生的损失更高，而不是因为效率本身就是一个决定因素。

22%左右（例如发电效率从43%下降到34%）(Jenni, Baker and Nemet, 2013)。

根据有关数据推测，燃烧后捕集 CO_2 的性能将在2015~2025年之间提高。在 CO_2 改造已经开展后也可以进行相关溶剂的改进。因此，值得重视的是，CCS改造设计将不会影响未来更高性能的 CO_2 捕集技术的创新。一个技术性建议是，CCS改造能不断适应未来改进溶剂的蒸汽压力和温度（GHG IA, 2013）。

燃烧后捕集技术也可以用于改造天然气发电厂。在当前的技术条件下，联合循环燃气轮机（CCGT）电厂的效率会从57%降至50%（Dillon et al, 2013b）。

空间需求

多项研究结果表明，改造300~600MW的机组时包括压缩机在内的全部 CO_2 捕集设备的总占地面积约为300~800 m^2/MW(Florin and Fennell, 2010; GCCSI, 2010; NETL, 2007)。机组改造每兆瓦占用的空间是FGD设施的10倍左右，相当于一台规模类似的机组的涡轮机和锅炉的占地面积总和。在对多个或较大机组进行改造的过程中，可以通过某些设备的用途共享以及规模效应来节约空间。同时，如果电厂的设计优化从一开始就是为了集成 CO_2 捕集，将节约更多空间(CCS预留)。

对成熟的CCS改造项目的研究表明这个范围可能会大。Longannet和Kingsnorth电厂的前期工程设计（FEED）研究表明，改造300MW的机组时，捕集和压缩 CO_2 的空间需求是150~200 m^2/MW（E. On UK, 2011; ScottishPower, 2011)。Longannet电厂的估计值更高，这是因为为了避免电厂的效率降低，将增加燃气轮机向 CO_2 汽提塔供给热量。在这两种情况下，额外的空间将用于建设电厂的管道和基础设施。

完善电厂基础设施使其能够改造

目前许多已安装的机组需要一些改造以提高其与 CO_2 捕集设施的兼容性，并延长其使用寿命，以提供几十年的低碳电力输出。这样的改造可能涉及大型项目，如升级涡轮机，改造锅炉或污染控制设备，或者小型项目，例如管道热集成系统的改造。更广义的改造还可能包括将锅炉换为富氧燃烧锅炉或建设外部热源，如天然气热电厂。这些改造的程度需要经过缜密的思考。将 CO_2 捕集装置整合到机组的初始设计中，可最小化其后续的改进（如CCS预留）。

进行CCS改造的同时对电厂进行其他方面的升级，进而充分利用整合 CO_2 捕集设备过程中导致的中断时期（电厂设备不可用来发电的时期），是非常具有战略价值的。如果设备本身可以在电厂不间断运行的情况下建造，则可以假设电厂运行中断一至三个月以进行全面的 CCS 设备的改造与连接。

为了尽量减少改造过程中的收入损失，可以采用两阶段改造策略，充分利用电厂运营期间因为其他方面改造升级而造成的中断期。例如，电厂因锅炉改造造成的中断期，就是一个很好的时机，能够让电厂进行其他改造，完成电厂在后续进行 CCS 改造的相应准备工作。这种方法将缩短改造工期，降低改造成本，从而提高 CCS 改造的经济吸引力。如果对未来的 CO_2 排放费用有一个明确的限制，这些预先改造的前期成本可能会立即转化为商业利益。

污染控制

如前所述，不具有高效脱硫系统的电厂需要安装该系统以防止 SO_2 进入胺基捕集系统装置。最有效的烟气脱硫系统是所谓的“湿”系统，其使用石灰石或石灰试剂去除烟气中高达 98%的 SO_2。中国 SO_2 去除率的标准和世界其他地区基本一样（表 A.2.1），因此国内广泛采用湿法烟气脱硫系统。这是中国电厂相较于世界其他地区的一些老电厂的优势，例如，在加拿大的边界坝第 3 机组的改造中，引入了一个新的烟气脱硫系统。

表 A.2.1 • 中国、欧盟和美国的燃煤电厂排放标准

项目	中国（mg/m^3）	欧盟（mg/m^3）	美国（mg/m^3）
SO_2			
现有电厂	400	400	160~640
新电厂	35~100	200	160
NO_x			
现有电厂	400	200~500	117~640
新电厂	35~100	200~500	117
灰尘/颗粒			
现有电厂	400	50	22.5
新电厂	35~100	50	22.5

注：NO_x=氮氧化物。

数据来源：BNEF，2015。

锅炉和涡轮机升级

正如上面所讨论的，CCS 技术改造也是升级电厂机组其他设备如锅炉和涡轮机的一个好机会。这种改造不仅会提高新 CCS 电厂的效率，同时如果改造的电厂已接近其设计使用寿命的话，那么通过改造还可以延长电厂的生命周期，使其成为一个灵活的能继续运行三十年以上的低碳排放发电的新电站。加拿大边界大坝第3机组的改造涉及锅炉改造和用一个新的先进的涡轮替换旧的汽轮机，新建电厂可能不需要这样改造。

改造机组并为其加装 CO_2 捕集设备时需要考虑蒸汽供给所带来的影响。除非是外部源提供蒸汽（见下一节），从涡轮机中提取蒸汽的压力将影响热集成的设计和电力输出的效率。从涡轮中提取的蒸汽可能不是理想压力下的蒸汽，因此需要增添相关设备来调整涡轮机和 CO_2 汽提塔之间的蒸汽压力。有几种方式可以使压力较高的蒸汽能够转化为 CO_2 汽提塔所需的蒸汽：节流阀门限制蒸汽流经低压涡轮；增加背压汽轮机；在最后阶段给中压涡轮机换叶片。在这些选项中，使用背压汽轮机电力输出的损失最小（Lucquiaud and Gibbins，2011）。在特定的条件下，为了能够生产更低气压的低压蒸汽，可能需要重建低压汽轮机。

外部热源

如果电厂能够在满负荷运转下低碳发电的话，就没有必要减少改造后机组的产出。但在这种情况下，机组的涡轮机不能提供蒸汽，也就是说蒸汽必须由外源提供。此外，为保持（或增加）整体输出，电力也需要由外源提供，例如由电网提供。若电厂附近有一个热电联产电厂则可以同时满足这些需求。

美国得克萨斯州 WA Parish 燃煤电厂的 250MW 机组进行改造后，将从新建的调峰热电联产电厂获得其所需的蒸汽（NRG，2014）。该调峰电厂使用的是一台于 2013 年投入运营的 75MW 的简单循环燃气轮机（比装备 CCS 技术的燃煤电厂提前三年开始运营），排出的废气通过蒸汽发生器供给到 CO_2 捕集系统。由于单个循环涡轮机的灵活性优势，CO_2 捕集不需要的多余电力可以在电力需求高或供应短缺的时候卖给电网。

如果电厂进行包括辅助设备升级在内的 CCS 改造且热量由外源提供，电厂的电力输出量可能会大于其预估输出量。如上面所讨论的，燃烧后捕集的 CCS 电厂可以通过避开 CO_2 捕集设施来增加输出量，其运营方式将更加灵活。这对于电网具有很高的价值，但是根据政策环境的不同还要承受排放量增加所带来的成本。如果绕过 CO_2 捕集设施，且附近有热电联产电厂提供热量，则总输出将比其他类型的改造更高。

选择通过获取火力电厂涡轮中的蒸汽还是使用外部蒸汽来源保持输出，在很大程度上是一个经济学和本地驱动力的问题。这将取决于电网的容量需求、可利用的空间和投资的机会成本。总的来说，它可能取决于天然气气源的接入，这是因为 CO_2 排放量的限制促使进行 CCS 改造，而为使总排放量减少辅以燃煤电源基本上是不可能的。

比较这些研究，我们发现降低电厂自身发电效率更符合成本效益（GHG IA，2011）。此外，由于天然气电厂的运营利润主要依赖于天然气价格，辅助装置产生的经济效益会具有很大的不确定性（Bashadi and Herzog，2011）。只有在天然气价格相对较低的时候，辅助电厂的改造才可能更实惠。

富氧燃烧

在富氧燃烧过程中，燃料在纯氧中燃烧而非空气中，从而产生的烟气主要包含 CO_2 和水蒸气。为保持燃料与氧气的适当比例，一些烟气会再次回到燃烧过程中循环利用，其余的则经过脱水、压缩等处理以便运输和最终封存。富氧燃烧不需要燃烧后捕集 CO_2 的设备，因此不需要从涡轮中提取蒸汽。然而，富氧燃烧需要大量的氧气，这就需要一个空气分离装置（ASU），并且它的尺寸远大于用于其他工业领域的 ASU 尺寸。研发部门为富氧燃烧研制出的大尺寸 ASU 会降低氧气的单位生产成本，在这之前，大部分项目都使用多个小尺寸的 ASU 以提供符合要求的气体环境。分离空气需要电力作为能量，这使得富氧燃烧电厂的部分总产出被自身消耗，这与燃烧后捕集系统的效率损失类似。

富氧燃烧装置的改造是可行的，但燃烧后捕集系统的改造远非如此。理想的改造是用一个更耐高温且能够防止空气进入燃烧室的锅炉替换之前的锅炉[1]。同时，烟气冷凝器的改造和循环气体的管道工程的建设也是必需的。有关于富氧燃烧的大部分改造都是来自电力驱动的 ASU。

富氧燃烧技术已在 30MW 规模的机组成功地进行了试运行，但更大规模的项目还处于规划阶段。美国伊利诺伊州的“未来发电 2.0”项目是针对已使用了 40 年的 200MW 老旧燃油机组的改造而设计的（U. S. DOE，2013）。设计包括替换锅炉、建设 ASU 和建设 CO_2 净化、压缩单元。由于状态良好，原始的蒸汽涡轮机能够保留下来继续使用；这个电厂在其生命周期内满负荷运行，一共进行了 900 次启动。当总产出到达约 69MW 后，整个电厂的额定功率将下降到 99MW（FutureGen Alliance，2014）。然而，由于错过了重要的项目里程碑，联邦政府的资金在 2015 年 2 月从 FutureGen 项目中撤出。这使得该项目不太可能继续下去。

富氧燃烧项目是当前争夺英国政府资助的两个大型 CCS 项目之一。“白玫瑰”项目是要建设一个全新的 290MW 机组，并且这一项目将只使用邻近的 4GW 煤和生物质耦合发电厂现有的煤炭处理和基础设施，如图 A. 2. 3 所示。然而，英国融资竞争在 2015 年秋季被取消，因此该项目不太可能继续进行。

---

[1] 在实际应用中，CO_2 的回收率可以通过锅炉的温度耐受性来调节，但这会影响效率。

图 A. 2. 3 • 英国“白玫瑰”项目富氧燃烧计划示意图

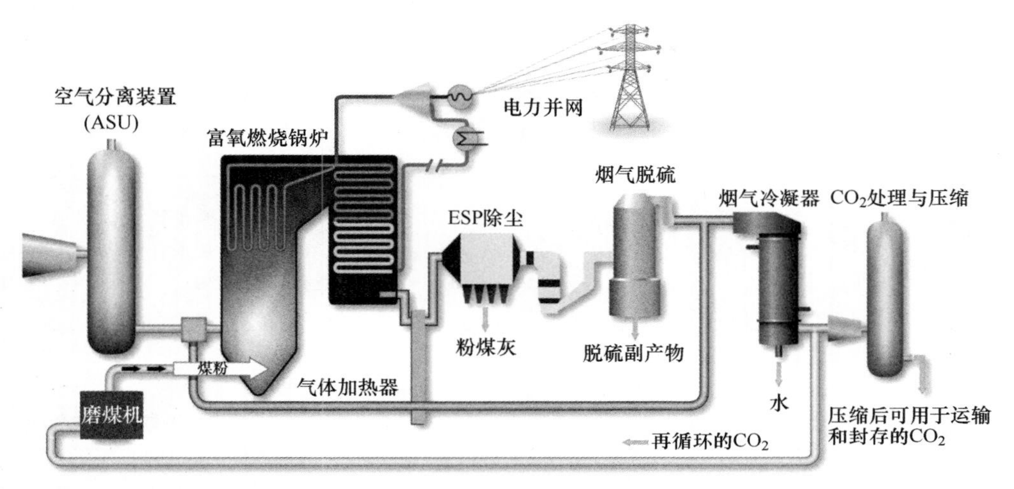

资料来源：Alstom，2014。

燃烧后 CO_2 捕集的新替代方法

虽然胺溶剂吸收法仍在持续改进，但是目前已开发出其他的燃烧后 CO_2 捕集技术，甚至相较于预期的更先进的胺系统更具优势（Aldous et al.，2013；GHG IA，2014；SINTEF，2013）。这些新技术不同于当前的技术，其目的在于降低成本，如资本成本、解析能耗和压缩成本。但这些新技术也处于不同的发展阶段（表 A. 2. 2）。因为这些技术中没有哪一项技术具有明显的优势，因此一些研究机构和政府均投资了多个项目，即选择相对谨慎和平衡的投资组合。平衡的投资组合包括风险较低的渐进式改进方案和风险较高的深度改进方案。

表 A. 2. 2 • 先进燃烧后 CO_2 捕集技术的非详尽清单及其特点

CO_2 捕集类型	主要优点	潜在缺点	电厂烟气或其他部门的经验
先进的非胺水溶剂（如氨、哌嗪、氨基酸盐）	较低的热量需求；可借鉴胺溶剂的经验；较低的溶剂挥发（哌嗪）	性能提升的空间不大	在美国20MW 级煤炭燃烧 CO_2 捕集项目（2009）以及挪威20MW 级燃气和液体催化裂化装置（2012）上测试了冷冻氨。美国和澳大利亚对哌嗪进行了0.1MW 级的测试。澳大利亚对氨基酸盐进行了2MW 级的测试

续表 A. 2. 2

CO_2 捕集类型	主要优点	潜在缺点	电厂烟气或其他部门的经验
钙循环	低成本的吸附剂；使用过的吸附剂可能仍有商业价值	补充所需的吸附剂；可能需要输入纯氧；改造过程可能优化得不好	台湾进行了 1.9MW_{th} 级的测试（2013），西班牙进行了 1.7MW_{th} 级的测试
催化溶剂的活化，包括酶	设备体积小（先进的吸附动力学）；较低的再生消耗	催化剂/酶成本（因失活和不稳定性）；抑制催化剂失活问题	2016 美国在建项目规模达 0.1MW_{th}。用于沼气升级的 CO_2 分离更为先进
低温分馏	无危险化学品；不影响蒸汽循环（使用电能）；在接近管道压力的情况下输送 CO_2；分离能耗较低	设备成本高	概念验证阶段 广泛用于从天然气和空气中分离气体。正在开发用于从天然气中分离 CO_2
双相液体溶剂	较低的再生能耗（溶剂再生过程中没有水）；设备和溶剂体积较小；溶剂降解率较低	分离阶段需要附加的设备；溶剂成本较高；工艺设计/扩大规模的不确定性（富相黏度方面的技术挑战）	氨基甲酸酯胺在美国进行了约 0.005MW_e 规模的测试（2014） DMX-1 分层溶剂在欧洲进行了实验室/小型中试规模测试（2013）
混合膜/吸收膜/低温	较低的分离能耗；用膜进行预处理可以降低资本成本和溶剂成本	和单一技术相比，面临增加复杂性和潜在增量收益的权衡问题；工艺设计/扩大规模的不确定性（如材料降解方面的挑战）	基于煤炭的 0.1MW 膜/低温测试，预计 2015 在美国将达到 0.3MW。在欧洲商业规模的氢气生产中被用来分离 CO_2 实验室规模的膜吸收测试；2016 年美国在建项目规模可达 0.005~0.025MW_e
过滤膜	设备较小（接触面积大）；无毒害化学物质；标准化（有可能渐进式改造）；不影响蒸汽循环（使用电能）；较高调节比率	通常需要额外的提纯环节；工艺设计/扩大规模的不确定（设备在较大规模下的可靠性尚未得到论证）；需在 CO_2 纯度和捕集率之间进行权衡	在美国进行了 1MW 规模的测试（2014 后半年）；在欧洲进行了 0.05MW_{th} 规模的测试（2011） 20 世纪 80 年代以来用于从天然气中分离 CO_2

续表 A.2.2

CO_2 捕集类型	主要优点	潜在缺点	电厂烟气或其他部门的经验
非水溶剂	较低的再生能耗（溶剂再生过程中没有水）；溶剂挥发度较低；设备较小（高 CO_2 负荷）	溶剂成本高；工艺设计/扩大规模的不确定性（富相高黏度和水平衡维护）	预计 2015 年美国咪唑胺杂化物的规模将扩大到 0.5MW 离子液体实验室规模试验
沉淀溶剂	再生能耗较低；设备较小（更高的吸收驱动力）；溶剂降解率较低	增加溶剂成本；需要处理固体；工艺设计/扩大规模的不确定性（使用带浆料的吸收剂需要新增设备）	碳酸钾系统在澳大利亚进行了~0.05MW 规模的测试 预计 2015 年美国的氨基甲酸酯溶剂的应用规模将达到 0.5MW
变压吸附（PSA）和真空变压吸附	无危险化学品；对蒸汽循环没有影响（使用电能）；设备较低（快速 PSA 循环）；操作简单，灵活	在 CO_2 纯度和捕集率之间进行权衡；压降可能会限制效率	实验室规模测试 广泛用于天然气中的 CO_2 分离
超音速惯性 CO_2 萃取系统	无危险化学品；设备较小；系统容量较低	烟气压缩电力需求高；需要处理固体 CO_2；工艺设计/扩大规模的不确定性（滑动气体最小化）；负荷跟踪能力的不确定性	在概念验证阶段，美国目标的是到 2016 年扩大到 0.25MW_{th}
变温吸附（TSA）和电动回转吸附	无危险化学品；需水量较低；高纯度的 CO_2 流（相较于 PSA）；潜在的快速动力学和较低的热量需求	减少/停用吸附剂；吸附要求高；工艺设计/规模扩大的不确定性（如来自固体和压降的热回收）	2014 年在韩国使用钾基吸附剂进行了 10MW 规模的测试 在美国，使用氧化铝吸附剂和固体胺基吸附剂的 TSA 的规模扩大至 0.5~1MW 商业上用于天然气加工中的 CO_2 分离

注：MW_{th}=兆瓦热。兆瓦级规模的经验是指示性的，在一些情况下其来自等效的 CO_2 或烟气的质量流。

数据来源：IEA，2015。

在未来几十年，将烟气注入到矿物质或者藻类中捕集 CO_2 的技术可能获得长足发展。不同于上表列出的方法，这些过程不能将 CO_2 作为气体存储，但可以生产出物料作为燃料或建筑材料出售。虽然这种“利用” CO_2 的方法可能有商业优势，但是如果所使用的材料可能将 CO_2 释放到大气中，那么相关的减排过程将更加复杂（Bennett，2014）。矿化作用和藻类捕集方法目前正处于早期开发阶段，在电厂中实现规模化运营还面临相当大的挑战（Sanna et al，2014；GHG IA，2014）。

研究方向还将集中在工艺和技术方面，这些研究可能降低现有溶剂体系的成本，也有利于表 A. 1. 2 中提到的技术的发展。对于吸收系统，这些技术包括：膜预处理，新型分散/传质设备，吸收器中间冷却，汽提塔间加热，闪蒸，多重压力汽提，电化学介导的再生，系统集成的计算工具等。在关注提升效率以获得效益的同时要权衡其可能导致的复杂性和投资成本的提高。改进的溶剂和新的过程可能在不同的温度、压力或蒸汽量下需要不同的热量。因此，CCS 电厂使用改进后的溶剂，可能需要改造 CO_2 捕集系统和发电系统。这要进一步的工作来明确静态优化和未来概念验证的关系。

参考文献

Aldous，R. C. Anderson，R. Anderson，M. Gerstenberger，B. Gurevich，B. Hooper，C. Jenkins，J. Kaldi，S. Kentish，V. Linton，S. Santos and P. Webley（2013），CCS Technology Development：Gaps，Opportunities and Research Fronts，Cooperative Research Centre for Greenhouse Gas Technologies，Canberra.

Bailey，D. W. and P. H. M. Feron（2005），Post-combustion Decarbonisation Processes，*Oil & Gas Science and Technology Rev. IFP*，Vol. 60（3），Institut Français de Pétrole，Rueil-Malmaison，pp. 461-474.

Bashadi，S. O.，H. J. Herzog（2011），Using auxiliary gas power for CCS energy needs in retrofitted coal power plants. *Energy Procedia*，4（2011）1828-1834.

Bennett，S. J.，D. Schroeder and S. T. McCoy（2014），"Towards a framework for discussing and assessing CO_2 utilisation in a climate context"，Energy Procedia，Vol. 63，Elsevier，Amsterdam，pp. 7976-7992.

Bloomberg BNA（2015），China tightens emissions，efficiency targets for coal plants. 30 July 2015. Bloomberg BNA，Arlington，U. S.

Bloomberg New Energy Finance（BNEF）（2015a），Decoupling China from coal part Ⅱ：the costs of cleaner coal power. 2 July 2015. Bloomberg New Energy Finance，London.

Cohen，S. M.，G. T. Rochelle，M. E. Webber（2011），"Optimal operation of flexible post-combustion CO_2 capture in response to volatile electricity prices"，*Energy Procedia*，Vol. 4，Elsevier，Amsterdam，pp. 2604-2611.

Dillon，D.，J. Wheeldon，R. Chu，G. Choi，C. Loy（2013a），A summary of EPRI's engineering economic studies of post combustion capture retrofit applied at various North American host sites. *Energy Procedia*, 37 (2013) pp. 2349-2358.

Dillon, D., D. Grace, A. Maxson, K. Børter, J. Augeli, S. Woodhouse, G. Aspelund (2013b), Post-combustion capture on natural gas combined cycle plants: a technical and economical evaluation of retrofit, new build, and the application of exhaust gas recycle. *Energy Procedia*, 37 (2013) pp. 2397-2405.

E. On UK (2011), Plant Layout Drawings - Compact Plant Layout. E. ON UK FEED Chapter 5: Technical design-carbon capture and compression plant, 1st Demonstration: Front End Engineering Design Studies. Published by UK DECC, London.

Feron, P. H. M. (2009), "Exploring the potential for improvement of the energy performance of coal fired power plants with post-combustion capture of carbon dioxide", International Journal of Greenhouse Gas Control, Vol. 4/2, Elsevier, Amsterdam, pp. 152-160.

Florin, N. and P. Fennell (2010), Assessment of the validity of—Approximate minimum land footprint for some types of CO_2 capture plant, provided as a guide to the Environment Agency assessment of Carbon Capture Readiness in DECC's CCR Guide for Applications under Section 36 of the Electricity Act 1989. https://www.gov.uk/government/uploads/system/uploads/attachment_data/file/47932/553-imperial-college-review-ccr-guidance.pdf.

FutureGen Alliance (2014), Conservation plan for the proposed Meredosia Energy Center improvements and CO_2 pipeline and storage reservoir construction for the FutureGen 2.0 project. FutureGen Industrial Alliance, Inc., Washington, D.C.

GHG IA (Implementing Agreement for a Co-operative Programme on Technologies Relating to Greenhouse Gases Derived from Fossil Fuel Use)(2014), Assessment of Emerging CO_2 Capture Technologies and Their Potential to Reduce Costs, 2014-TR4, GHG IA, Cheltenham.

GHG IA (2013), Incorporate future technological improvements in existing post-combustion capture plants: technical review. Report 2013/TR5. IEA Greenhouse Gas Programme, Cheltenham, UK.

GHG IA (2011), Retrofitting CO_2 capture to existing power plants. Greenhouse Gas Implementing Agreement Report 2011/02, Cheltenham, UK.

Global CCS Institute (GCCSI)(2010), Global knowledge sharing framework. Phase 1: project reporting framework. Global CCS Institute, Canberra.

IEA (2015), Energy Technology Perspectives 2015, OECD/IEA, Paris.

Jenni, K. E., E. D. Baker and G. F. Nemet (2013), Expert elicitations of energy penalties for carbon capture technologies. *International Journal of Greenhouse Gas Control*, 12 (2013) pp. 136-145.

Lucquiaud, M. and J. Gibbins (2011), Effective retrofitting of post-combustion CO_2 capture to coal-fired power plants and insensitivity of CO_2 abatement costs to base plant efficiency, *International Journal of Greenhouse Gas Control*, Vol. 5, Elsevier, Amsterdam, pp. 427-438.

Lucquiaud, M., P. Patel, H. Chalmers and J. Gibbins (2009), Retrofitting CO_2 capture ready fossil plants with post-combustion capture. Part 2: requirements for natural gas combined cycle plants using solvent-based flue gas scrubbing. *Proceedings of the Institution of Mechanical Engineers Part A: J. Power and Energy*, Vol. 223, Institution of Mechanical Engineers, London, pp. 227-238.

Lucquiaud, M., H. Chalmers and J. Gibbins (2007), "Potential for flexible operation of pulverised coal power plants with CO_2 capture." *Energy Materials*, Vol. 2 (3), Maney Publishing, Leeds, UK, pp. 175-180.

Monea, M. (2015), SaskPower CCS. Presentation at World Coal Association, 12 June 2015. http://www.worldcoal.org/pdf/original_pdf_file/mike_monea (12_06_2015).pdf.

NBS (2015), National data, monthly. http://data.stats.gov.cn/english.

NDRC (2014), China's Policies and Actions on Climate Change. NDRC, Beijing.

NEA (2015), 国家能源局发布 2013 年全社会用电量. 14 January 2014. http://www.nea.gov.cn/2014-01/14/c_133043689.htm.

NETL (2007) Carbon dioxide capture from existing coal-fired power plants. US Department of Energy, DOE/NETL-401/110907, Report prepared by Ramezan, M., Skone, T., Nsakala, N., Liljedahl, G., Gearhart, L., Hestermann, R., Rederstorff, B., November 2007.

NETL (2007b), Carbon Sequestration Program Environmental Reference Document, DOE/NETL DE-AT26-04NT42070, August 2007, pp. 2-42.

NRG (2014), WA Parish Carbon Capture and Enhanced Oil Recovery Project. Presentation at Clean Coal Day in Japan 2014 International Symposium, 9 September 2014. http://www.jcoal.or.jp/coaldb/shiryo/material/2_Session%202_speech%202_US%20NRG.pdf.

Rochelle, G. (2014), "From Lubbock, TX to Thompsons, TX: Amine scrubbing for commercial CO_2 capture from power plants", presentation at GHGT-12 conference, Austin, Texas, 8 October 2014.

Sanna, A., M. Uibu, G. Caramanna, R. Kuusik and M. M. Maroto-Valera (2014), "A review of mineral carbonation technologies to sequester CO_2", *Chemical Society Reviews*, Vol. 43, Royal Society of Chemistry, Cambridge, pp. 8049-8080.

ScottishPower (2011), UK carbon capture and storage demonstration competition, End-to-End Layout Diagrams, 1st Demonstration: Front End Engineering Design Studies. Published by UK DECC, London.

Shaw, D. (2012), Cansolv: capturing attention at Boundary Dam. *Carbon Capture Journal*, May-June 2012. Digital Energy Journal Ltd., London.

SINTEF (2013), Technology Survey and Assessment for Piloting of CO_2 Capture Technologies, SINTEF Energy Research, Trondheim, Norway.

Thambimuthu, K., M. Soltanieh and J. C. Abanades (2005), "Capture of CO_2", in B. Metz et al.

(eds), IPCC Special Report on Carbon Dioxide Capture and Storage, Cambridge University Press, Cambridge, United Kingdom and New York.

United States Department of Energy (U. S. DOE) (2013), Draft Environmental Impact Statement for the FutureGen 2. 0 Project (DOE/EIS-0460D) . U. S. DOE, Washington.

Yeh, S. and E. Rubin (2012), "A review of uncertainties in technology experience curves", *Energy Economics*, Vol. 34/3, Elsevier, Amsterdam, pp. 762-771.

附录3　影响 CEC 电厂 CCS 改造成本的因素

效率

就 CEC 电厂近期的平均建设情况来看，大多都具有较高的发电效率。但并不是所有的机组都处在最佳的运行效率水平，因为有些机组是以部分负荷运行或是使用的煤炭热值较低。即便如此，我们仍可根据设计效率来判断加装 CO_2 捕集装置后哪些机组的单位运营成本最低。190.3GW（34.0%）的 CEC 机组的设计效率达到了 41%或更高，这些机组共有 290 台（图 A.3.1）。

图 A.3.1 • CEC 机组的效率分布

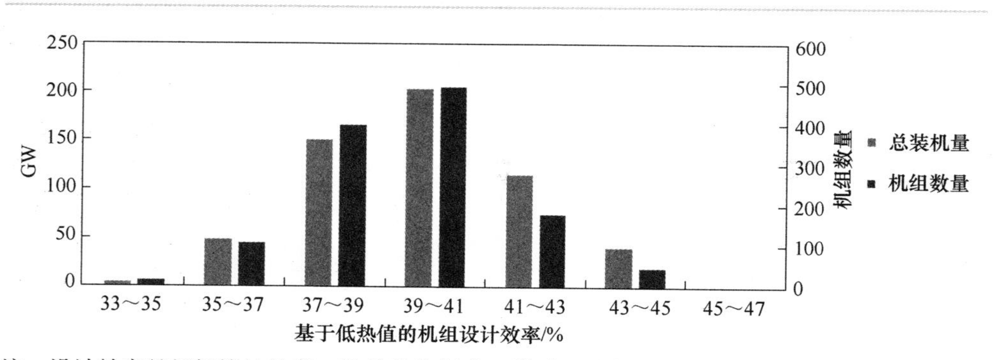

注：设计效率是根据锅炉效率、汽轮机热耗率、煤种和冷却类型计算出来的。改造后潜在的效率损失为 9%。

蒸汽条件

自 2004 年以来，中国建设电厂的速度逐步加快，这一趋势促进了电厂设计的标准化。新建电厂和很久之前建设的电厂之间的差异主要体现在设计布局方面（Li，2010）。亚临界机组的蒸汽条件对于胺溶剂再生来说不太理想，且低压缸和中压缸之间的交叉压力高于 11bar（1.1MPa）。然而根据 CEC 提供的数据，中国超超临界机组的压力通常更接近理想的 4~5bar（0.4~0.5MPa）。600MW 超临界机组的交叉压力一般在 10.4bar（1.04MPa）左右，而 600MW 超超临界机组的交叉压力则一般在 4.9bar（0.49MPa）左右。效率最高的 1000MW 机组，如上海外高桥电厂三期工程，由于工艺优化其设计效率提高至 46%[1]，交叉压力低至 1.1bar（0.11MPa）。

对亚临界和超临界电厂进行改造时可以通过升级锅炉或汽轮机以降低高额的能耗；对于新建电厂而言，最具有成本效益的做法是增加背压式汽轮发电机组（Lucquiaud，2011）。上述改造方案所需的投资远高于改造超超临界机组，因此其不太具有吸引力。尽管如此，对非理想蒸汽条件下的机组进行改造仍然比用加装 CCS 设备的超超临界机组替换老旧机组的做法更具吸引力。

脱硫

湿法脱硫技术是目前从电厂烟气中去除 SO_2 最有效的技术。CEC 电厂中已有 530.6GW（94.8%）的机组（1170 台）安装了 FGD 设备（图 A.3.2）。这些电厂进行 CCS 改造的成本相对更低，因为它们不需要重新安装 FGD 设备。

图 A.3.2 • CEC 机组脱硫方式分类情况

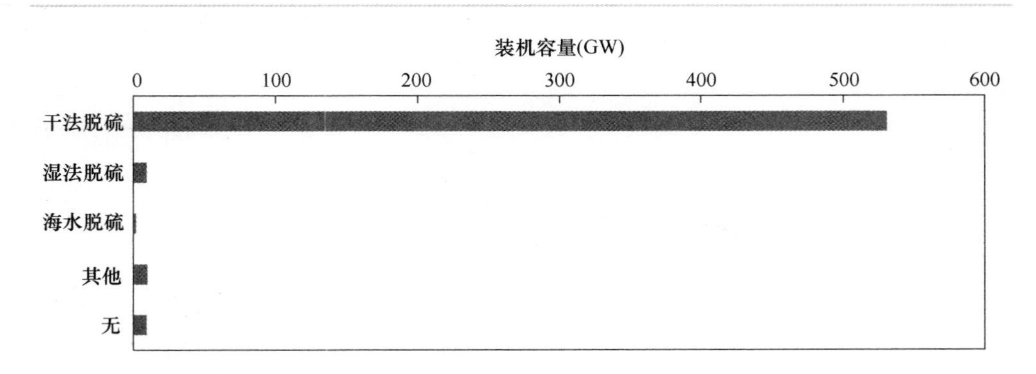

冷却

在保证其他条件相同的情况下，采用冷却塔或开放式冷却系统的电厂的改造

[1] 蒸汽条件的变化情况详见 Duan et al.,（2014）和 Xu et al.,（2011）。此外，随着 CO_2 捕集技术的发展，为了避免能量损失可以对理想的蒸汽压力进行调整。

成本较低，而采用干式（空气）冷却系统的电厂的改造成本则相对较高。CEC电厂中485.8GW（86.8%）的机组（1077台）采用冷却塔或开环冷却技术（图A.3.3）。

图 A.3.3 • CEC 机组冷却方式分类情况

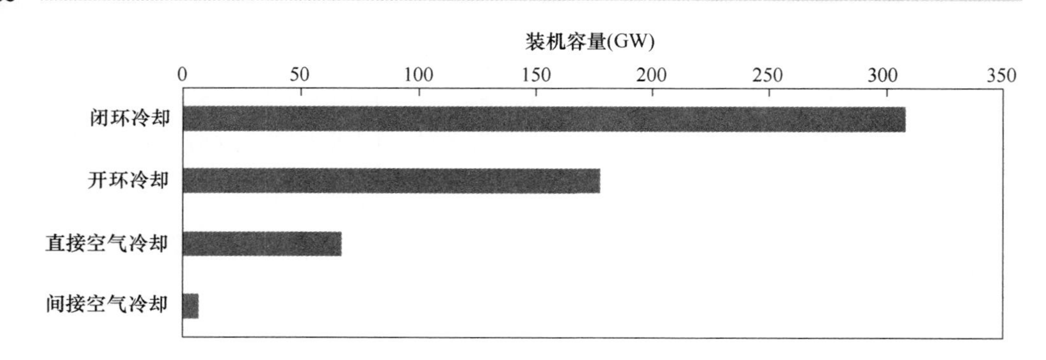

电厂空间

一般来说，中国的电厂不会建在其服务的工业园区或人口聚集区的附近。因此下述三个因素将使得这些地区的电厂 CCS 改造项目更具有挑战性：

受地理位置等因素的影响，电厂的扩建受到限制，因此电厂可能没有足够的空间进行 CCS 改造。

发达地区的土地价格可能远高于欠发达地区，因此建设 CO_2 捕集设施的成本较高。

建设用于将 CO_2 运输到封存地点的管道可能是一项非常复杂的工程，需要投入大量的时间和资源才能够完成。

已有研究根据卫星图像搜索对土地需求进行了非定量分析，结论如下（Li，2010）：

1. 位于农村地区的电厂改造前景更好，因为其有足够的空间来安装 CO_2 捕集设备并且可以捕集整个电厂排放的 CO_2。

2. 大多数电厂都至少存在一些改造潜力，即对于一个给定的电厂可以对其部分机组进行改造。

3. 未来电厂所处的地区越发达，其改造潜力越低。

被评估的74家电厂中有46%由于空间限制而导致其改造的机会渺茫（GHGIA，2011）。但本书并未考虑未来20年内空间可用性将如何发展。

本书无法对1236台机组的空间可用性进行逐一分析并评估其在未来20年内

的发展前景。但可以确定的是，由于受到空间因素的约束，中国实际上适合改造的电厂数量将低于理论值。

参考文献

Duan L.，M. Zhao，G. Xu and Y. Yang（2011），Integration and optimization study on the coal fired power plant with CO_2 capture using MEA. *Energy*，Vol. 45，Elsevier，Amsterdam，pp. 107-116.

GHG IA（2011），Retrofitting CO_2 capture to existing power plants. Greenhouse Gas Implementing Agreement Report IEAGHG 2011/02，Cheltenham，UK.

Li，J.（2010），"Options for Introducing CO_2 Capture and Capture Readiness for coal-fired Power Plants in China"，PhD Thesis，Imperial College London，UK.

Xu，G.，Y. Hu，B. Tang，Y. Yang，K. Zhang and W. Liu（2014），Integration of the steam cycle and CO_2 capture process in a decarbonization power plant. *Applied Thermal Engineering*，Vol. 73（1），Elsevier，Amsterdam，pp. 277-286.

附录 4　CCS 改造的成本和性能

本书采用绩效成本模型，为适合改造的 CEC 候选机组提供相关成本指标。在可行范围内，该模型考虑到了 CEC 机组各种不同的属性，以及这些属性将会如何影响改造成本。如前文所述，影响改造成本的因素包括：机组规模、机组效率、是否有脱硫系统、与合适的封存地的距离以及为延长改造后的机组寿命而进行的任何改造。

成本要素和指标

Bohm(2007) 和 Dillon(2013) 对现有 PC 电厂进行燃烧后捕集改造时可能会产生成本的要素总结如下：

1. 捕集设备，包括 CO_2 吸收器、汽提塔、风机、水泵和管道系统。

2. CO_2 压缩机和压缩泵。

3. 可能需要重建低压级的蒸汽轮机来处理更低压力的蒸汽，或者选择其他方式提供额外的蒸汽。

4. 由于胺溶剂的使用对烟气硫含量限制高，因此可能需要添加（或升级现有的）烟气脱硫（FGD）设备。由于脱硫系统需要消耗更多的电力，这将进一步降低电厂的净电力输出。

5. 额外的空间用于 CO_2 分离和压缩系统。

6. 增加冷却水需求——在引入吸收器之前直接冷却烟气，并可能产生额外的蒸汽。

此外，CO_2 运输和封存成本将取决于运输距离、封存地的地形和地质情况。

本书采用的成本指标是平准化额外发电成本（LACOE）。LACOE 类似于平准化发电成本（LCOE），因为其是电力项目在资产有效期内提供特定投资回报所需的生产单位净电力收入的近似值。然而，LACOE 仅考虑改造增加的相关费用，例如捕集成本和所有相关的改造和运营成本，如燃料和 CO_2 的运输和封存。LACOE 不包括通过增加捕集减少 CO_2 排放所产生的价值。但在缺乏详细市场参数的情况下，LACOE 是相同机组之间进行比较的重要指标。

LACOE 代表运营商单位发电所需收取的溢价，用于补偿低碳排放电力生产而非高碳排放电力生产的额外成本。根据改造后单台机组的 LACOE 来估计其 LCOE 需要额外的数据，且这些数据可能会因机组的不同而有所差异。机组改造后的 LCOE 的计算所需要的数据包括潜在的电厂资产的价值。为计算这一价值，还需考虑电厂的建设成本及其在改造决策之前的年份中的折旧。这些数据还可以被用来估计未来的电力价格进而估计溢价，该溢价价格将等同于如果继续经营现有资产所获得的投资回报率。因此，LACOE 是一种避免运用这些不确定数据的便捷方法。

关键假设

根据研究的需要，提出一些有关改造特性的基本假设。

- 蒸汽循环冷凝器的负荷和电厂燃料投入保持不变（Lucquiaud and Gibbins，2009），因此，加入一个捕集系统后该电厂的净输出量下降。
- 捕集系统是一种溶剂型的吸收系统，与目前最先进的 CO_2 分离系统相类似。CO_2 捕集和压缩的能源需求主要来自热能需求（约 60%），而不是电力需求（约 40%）。
- 捕集系统所需的蒸汽从蒸汽涡轮机的中低压交叉点获取，不考虑外部蒸汽源。
- 捕集系统的捕集率能够处理整台机组产生的烟气，且捕集率在改造装置的剩余寿命期内保持不变，即以设计效率运行。
- 如果电厂没有烟气脱硫系统，则改造成本包括添加脱硫装置的费用。
- 本书考虑两种可用于增加捕集装置的方案：电厂以最低的成本进行改造，在这种情况下，改造后电厂的寿命与原电厂相同；或者，所述电厂可以进行重建并安装 CCS，在这种情况下，需要翻新锅炉并对电厂进行深度改造以延长电厂的寿命，同时提高捕集系统和蒸汽循环系统之间的热集成。

方法

评估 LACOE 的第一步是评估改造（或重建）后机组的性能，然后用回归方程来估计改造（或重建）的工程、采购和施工（EPC）成本。过程及项目中的突发事件计入电厂总成本（TPC）中，进行变价处理后计入业主成本中（如保险、版税、催化剂或化学品的库存），然后得到总隔夜成本（TOC）（Rubin，Davison and Herzog，2013）。最后根据施工时间和折现率将 TOC 转换为总资本要求（TCR），这些是 LACOE 方法的主要输入。

效率损失评估

该模型定量评估了蒸汽从蒸汽循环系统转移到 CO_2 汽提塔再沸器、在压力下压缩（和泵送）CO_2 以及捕集系统的辅助负载（例如溶剂泵送，鼓风机）造成的电力输出损失。如果电厂未配备 FGD 装置也将导致负荷增加。该模型假定，现有的（或是创造的）空间能够满足 CO_2 捕集系统的空间需求，且富余的冷却能力能够满足新增的冷却负荷需求。

改造后的净产出 P'_{net} 如下式所示：

$$P'_{net} = P_{gross} - P_{BOP} - P_{FGD} - P_{cool} - P_{reb} - P_{cap}$$

机组铭牌（净）容量、锅炉效率和基于 LHV 的蒸汽循环热耗率、冷却系统类型、燃煤类型以及是否配备 FGD 装置等信息均由 CEC 提供。电厂净效率 η_{net} 计算方式如下：

$$\eta_{net} = \eta_{blr} \frac{3600}{\dot{H}_{SC}} \eta_{gen} (1 - p_{FGD} - p_{BOP} - p_{cool})$$

式中，η_{blr} 表示锅炉效率；$\dot{H}_{SC}$ 表示蒸汽循环热耗率（MJ/MWh）。电厂总产出的计算方法如下：

$$P_{gross} = \frac{P_{net}}{1 - p_{FGD} - p_{BOP} - p_{cool}}$$

式中，p_{FGD}、p_{BOP} 和 p_{cool} 分别代表由于电厂平衡、干式冷却系统和烟气脱硫负荷造成的效率损失。电厂使用干式冷却的情况下，如上述公式所示，电厂平衡、烟气脱硫及冷却系统的电力消耗按电厂总产出的百分比计算。

$$P_{BOP} = p_{BOP} P_{gross}$$
$$P_{FGD} = p_{FGD} P_{gross}$$
$$P_{cool} = p_{cool} P_{gross}$$

参考 Lucquiaud and Gibbins(2011)，通过性能系数（COP）将捕集系统热负荷转化为一个等效的电力负荷用于估计 P_{reb}。

$$P_{reb} = \frac{\dot{Q}_{reb}}{COP} = \frac{1000 \cdot \dot{m}_{CO_2,\ cap} e_{rgn}}{3600 \cdot COP} = \dot{m}_{CO_2,\ cap} \left(\frac{1000 \cdot e_{rgn}}{3600 \cdot COP} \right)$$

捕集系统辅助设备的电力需求是根据捕集系统辅助设备的能量需求 e_{aux}（kWh/t）和压缩的能量需求 e_{comp}（kWh/t）计算的。

$$P_{cap} = \dot{m}_{CO_2,\ cap} \left(\frac{e_{aux} + e_{comp}}{1000} \right)$$

计算再沸器电当量热负荷和捕集功率需求时所需的参数见表 A. 4. 1。

表 A.4.1 • 锅炉和捕集系统参数的假设

参数	值	备　　注
CO_2 去除率	0.9	
再生能耗（GJ/t CO_2）	2.5	与壳牌康索夫一致（NETL，2015）
改造 COP（MW_{th}/MW_e）	4	NETL（2015）B12B 案例表明 COP 为 3.77，具有较高的一致性（160~170℃） 再生温度参考 Lucquiaud and Gibbins（2011） 节流低压涡轮相关假设参考 Lucquiaud and Gibbins（2009）.
重建 COP（MW_{th}/MW_e）	4.5	假设 IP（中压）和 LP（低压）的阶段改造允许压力在 IP-LP 间浮动（Lucquiaud and Gibbins，2009）
压缩要求（kWh/t CO_2）	100	从（近）大气压力压缩到 150bar
辅助设备（kWh/t CO_2）	20	与 Lucquiaud and Gibbins（2011）一致 与 NETL（2015）B12B 案例具有可比性

总 CO_2 捕集量的计算公式为：

$$m_{CO_2,\ cap} = f_0 \frac{44 \cdot 3600 \cdot \alpha C_{fuel}}{12 \times 10^6} \dot{Q}_{coal}$$

式中，$\dot{Q}_{coal}$ 表示电厂的热输入（MW，基于 HHV）；α 表示锅炉中的碳转化百分比；C_{fuel} 表示燃料的排放因子（tC/TJ）。利用改造前的净输出功率 P_{net} 除以预估的净效率即为输入到电厂中的热量。

改造和重建的资本成本估计

根据幂律规模法则估算捕集系统、蒸汽轮机改造、FGD 和锅炉改造的 EPC 成本：

$$C = C_0 \left(\frac{A}{A_0} \right)^n$$

式中，C_0 是容量为 A_0 时对应的参考成本，所需容量为 A；n 是规模指数。每个地区规模指数的数值取自 NETL(2013)，C_0 和 A_0 的数值是根据 Rubin、Davison and Herzog(2015) 以及其引用的研究估算的，特别是 NETL(2013)、GHG IA (2014) 和 WorleyParsons and Schlumberger(2011) 通过最小二乘回归并按照线性比例计算。所有的成本均采用 2013 年美元不变价，回归参数见表 A.4.2。如 Rubin et al.（2015）所述，这些报告中的所有成本均使用 IHS PCCI 指数转换为 2013 年美元价格。在进行分析之前，采用 WorleyParsons and Schlumberger(2011)

中提供的因子，将 GHG IA（2014）中提出的成本从欧元转换为 2013 年美元价格，并根据美国墨西哥湾沿岸的项目和鹿特丹的项目进行重新计算。

表 A. 4. 2 • 资本成本回归参数

成本构成	捕集系统	涡轮发电机组	脱硫成本	锅炉岛
C_0（EPC，2013 USD）	4. 15E+08	1. 57E+08	2. 18E+08	4. 36E+08
A_0	523	6. 28E+05	602	2. 00E+03
A_0 机组	t CO_2/h（压缩机发电）	kW_e（总产量）	t CO_2/h（锅炉出口）	kW_{th}（煤炭投入）
n	0. 6	0. 7	0. 6	0. 69
流程应急（EPC）	10%	0%	0%	0%
流程应急（EPC+过程）	30%	30%	30%	30%
改造置换率		10%		0%
重建置换率		50%		50%

注：FGD 成本参考 Sharp（2009）报告中的 600~900MW 机组的“仅系统”成本，即 280 美元/kW，相当于 750MW 超临界机组。

过程和项目中的应急成本都被计入 EPC 成本以计算 TPC：

1. 在捕集系统中添加了 10%的过程应急成本，用来量化工艺成熟后转变为全面的商业技术时可能产生的额外资本成本。

2. 在所有其他成本类别增加了 30%的项目应急成本，以说明当前估算的成本水平较低，这些都是改造过程中很可能发生的额外成本。相比之下，NETL（2013），GHG IA（2014）和 WorleyParsons and Schlumberger（2011），通常只采用 10%的项目应急成本。

所有 TPC 增加 15%后即为 TOC，TOC 加上在建设过程中产生的利息即为 TCR。假设改造可以在 1 年内完成，而重建需要 2 年时间。假设折现率为 9%。

LACOE 计算

LACOE 的计算方法如下：

$$LACOE = \frac{fcf \cdot C_{TCR} + C_{FOM}}{8766 \cdot P_{net} \cdot CF} + \frac{3600(P_{reb} + P_{cap})}{1000 \cdot \eta_{gross}} c_{fuel} + m_{CO_2,\ cap} c_{T\&S}$$

式中，fcf 表示固定费用系数（Rubin et al.，2013）；C_{TCR}，C_{FOM} 分别表示电厂的资本成本和年固定运行成本；CF 表示年生产能力系数；c_{fuel} 表示燃料成本（USD/GJ）；$c_{T\&S}$ 表示捕集的 CO_2 的运输和封存成本（USD/t CO_2）。

相关假设见表 A. 4. 3。

表 A. 4. 3 • 计算 LACOE 时与电厂相关的假设

成本项目	假　设	值
折现率		9%
决策时间	在 2030 年决定改造，时间位于 2025~2035 年的中点	2030 年
运行寿命	改造后的机组运行至其 40 年寿命期结束。重建可以延长机组 40 年的寿命	
增加的固定运营和维护成本	只有电厂增添新设备时，固定 O&M 成本才会增加	TPC 的 3%
燃料成本	煤炭成本来自 IEA WEO 450 2030 年气候变化减缓情景，各省需向上或者向下进行相应调整	平均价格为 2. 9 美元/GJ
CO_2 运输和封存成本	CO_2 运输和封存成本是根据附录 5 所述的每台机组的最低成本封存方案计算的	每吨 CO_2 的运输和封存成本随机组的变化而变化

计算具有代表性的中国 CCS 改造成本

美国墨西哥湾沿岸的资本成本是根据表 A. 4. 2 中列出的公式估算的。使用的转换因子为 0. 61，这意味着在中国建造的 CO_2 捕集装置的成本是在美国建造的同一装置的成本的 61%。该因子是根据地区的资本、材料和人工成本指数结合 WorleyParsons and Schlumberger(2011) 中 PC 电厂的 CO_2 捕集和压缩的资本成本明细估算的。以 2013 年美元价格为基础的中国 CCS 成本已使用 2013 年的平均汇率进行折算，2013 年美元对人民币的平均汇率为 0. 16。

参考文献

Bohm, M. C, H. J. Herzog, J. E. Parsons and R. C. Sekar (2007), "Capture-ready coal plants—Options, technologies and economics", *International Journal of Greenhouse Gas Control*, Vol. 1, Elsevier, Amsterdam, pp. 113-120.

Dillon, D. , J. Wheeldon, R. Chu, G. Choi, C. Loy (2013), "A summary of EPRI's engineering economic studies of post combustion capture retrofit applied at various North American host sites",

Energy Procedia, Vol. 37, Elsevier, Amsterdam, pp. 2349-2358.

GHG IA（2011）, *Retrofitting CO_2 capture to existing power plants*, Greenhouse Gas Implementing Agreement Report 2011/02, Cheltenham, UK.

GHG IA（2014）, *CO_2 Capture at Coal Based Power and Hydrogen Plants*, Greenhouse Gas Implementing Agreement Report Cheltenham, UK.

Intergovernmental Panel on Climate Change（IPCC）(2006), 2006 *IPCC Guidelines for National Greenhouse Gas Inventories*, IPCC, Geneva, http://www.ipcc-nggip.iges.or.jp/public/2006gl/pdf/2_Volume2/V2_1_Ch1_Introduction.pdf (accessed on 06 November 2015).

Lucquiaud, M. and J. Gibbins（2009）, "Retrofitting CO_2 capture ready fossil plants with post-combustion capture. Part 1: requirements for supercritical pulverized coal plants using solvent-based flue gas scrubbing", *Proceedings of the Institution of Mechanical Engineers Part A: Power and Energy*, Vol. 223, Institution of Mechanical Engineers, London, pp. 213-226.

Lucquiaud, M. and J. Gibbins（2011）, "On the integration of CO_2 capture with coal-fired power plants: A methodology to assess and optimise solvent-based post-combustion capture systems", *Chemical Engineering Research and Design*, Vol. 89/9, Elsevier, Amsterdam, pp. 1553-1571.

NETL（2013）, *Cost and Performance Baseline for Fossil Energy Plants*, *Volume 1: Bituminous Coal and Natural Gas to Electricity*, NETL, Pittsburgh.

NETL（2015）, *Cost and Performance Baseline for Fossil Energy Plants*, *Volume 1: Bituminous Coal and Natural Gas to Electricity*, NETL, Pittsburgh.

Rubin, E. S., J. E. Davison and H. J. Herzog（2015）, "The cost of CO_2 capture and storage", *International Journal of Greenhouse Gas Control*, Vol. 40, Elsevier, Amsterdam, pp. 378-400.

WorleyParsons and Schlumberger（2011）, *Economic assessment of carbon capture and storage technologies*. Report for the Global CCS Institute. Global CCS Institute, Canberra.

附录 5　CO_2封存地评估

目前已经开发出一种方法用于评估电厂改造后 CO_2 封存的可行性，该方法可用于回答以下问题：

1. 对于每一个电厂的机组，哪个封存地可以提供最低的 CO_2 运输和封存成本？

2. 若限制 CO_2 运输的最大距离，结果将如何变化？

3. 如果对多台机组进行改造，考虑整体成本最低，则各机组之间的竞争将如何影响单台机组的改造可行性？

本附录将详细介绍该方法的实施步骤，并阐述应如何用其来解决相关问题。首先介绍如何定义封存地以及如何对它们的适宜性和封存潜力进行评估。然后介绍如何将 CO_2 运输封存的技术参数与经济数据相结合并对封存成本进行评估，以及如何对竞争力进行评估。

该方法大致遵循 Dahowski(2009，2012) 和 Wei(2013) 概述的方法。在本书中，由于能够获得更详细的地质信息和技术经济模型，与之前的研究相比不确定性进一步降低（Wei et al.，2016；Wei et al.，2015a)。该方法使用了次盆地/盆地规模的地质数据，当前的现场经验和代表性的经济学估计。这是了解在当前的经济和政策条件下如何将二氧化碳封存场所和 CCS 改造方案匹配的第一步。通过更具体的地质调查以及局部条件（尤其是地表以上）之间差异的增加，可对评估范围进行进一步划分。

封存地的适宜性评估

为 CCS 项目选择一个合适的 CO_2 封存地通常需要耗费大量时间，处理大量数据。这是因为在最初阶段很难获得详细的地质数据以确保在给定的区域内能够永久、安全地封存 CO_2。特别是咸水层封存资源，因为其 CO_2 封存特性往往未被详细勘探，而对于油田和天然气田，已通过调查、地质取样等方式获取了大量相关数据。因此在确定封存地时往往首先根据现有的数据确定最具封存潜力的盆地，然后确定最合适的次盆地尺度区域，最后对该区域几个特定地点进行更加细致的考察和定量分析（NETL，2010)。

本书采用了根据 Wei 等（2013）的方法评估得出的次盆地规模的场地适宜性结果。使用基于地理信息系统（GIS）软件中的空间分析和考虑地质特征，地质和地理风险因素，环境限制和经济土地使用因素的多准则方法，对 CO_2 咸水层封存进行了评估。本书对 54794 个封存单元（按经纬度划分连续区域，即 0.0495×0.0495）的适宜性指标进行了加权评估。适宜性得分为 0.24 或更高（从 0 到 1 的等级）的地点被认为具有一定的 CO_2 封存适宜性，这一点在分析中也被考虑了。

对于每个适宜的封存地，按照 Goodman 等人（2011）概述的方法，根据其面积，厚度，孔隙度，密度和存储效率系数估算每个存储单元的存储容量：

$$G_{CO_2} = A \cdot h_g \cdot \varphi_{tot} \cdot \rho_{CO_2} \cdot E_{saline}$$

G_{CO_2} = CO_2 封存潜力的粗略估计；

A = 所评估的封存区域面积；

h_g = 所评估区域内的咸水层总厚度；

φ_{tot} = 所评估区域内地层体积的总孔隙度；

ρ_{CO_2} = 封存条件下对应的 CO_2 密度；

E_{saline} = 总 CO_2 封存效率，反映了预计可以充满 CO_2 的总孔隙体积分数，计算如下：

$$E_{saline} = E_{An/At} \cdot E_{hn/hg} \cdot E_{\varphi_e/\varphi_{tot}} \cdot E_v \cdot E_d$$

$E_{An/At}$ = 净面积比；适合 CO_2 封存的盆地或区域占总面积的比例；

$E_{hn/hg}$ = 净厚度比；符合最小注入孔隙度和渗透率要求的地质单元占总地质单元的比例；

$E_{\varphi_e/\varphi_{tot}}$ = 有效总孔隙度比；互联孔隙度占总孔隙度比值；

E_v = 体积位移；

E_d = 微观位移。

在本书中，对于适宜封存的咸水层封存地，E_{saline} = 0.024 的置信区间为 50%，与其他研究一样（NETL，2012；GHG IA，2009）。

通过该方法可以为中国的潜在封存地建立一个数据库，其中包含这些封存地的封存潜力、孔隙度、渗透率及其他影响 CO_2 封存的经济性因素[1]。

技术经济评价

对于一个给定的改造项目，可以通过最小化 CO_2 运输和封存的组合成本来识

---

[1] 厚度和渗透性的代表值按盆地规模分配给每个深部咸水地层（Dahowski，2012）。

别最合适的 CO_2 封存地。因此，可以将距离和封存效力统筹考虑。如果待封存的 CO_2 数量已经给定，每个封存地的运输和封存性能模型都可以与成本模型相结合（McCoy，2008，2009）。

CO_2 封存

对于一个特定的封存地，其 CO_2 的封存效力受多个因素影响。这些因素包括正在钻探和运营中的注入井数量以及压力调节程度或水井的数量。注入井的数量高度依赖原位储层的压力、厚度、深度，渗透率和最大注入压力。对于咸水层封存，每个站点可能会使用多个注入井和控制井以限制 CO_2 所能渗透的区域并最大限度地利用地下孔隙空间。CO_2 注入井与控制井的数量比例假定为 1：0.5。假定最大注入压力为储层静水压力的 125%。

性能参数，如所需的井的数量，将被转化为资本支出（CAPEX）和运营支出（OPEX）。CO_2 封存的 CAPEX 包括封存地的场地表征和评估、钻井和完井、CO_2 管道网络的铺设、注入设备、水生产设备和海水淡化设备的成本。运营维护成本是总资本成本中的一小部分。运营和维护（O & M）成本包括井的运营，井的维护，日常现场维护活动，封存监测以及水淡化等成本。

CO_2 运输

假设 CO_2 将以超临界形式通过陆上管道运输，根据中国电厂改造项目的规模和所处位置的地表温度，该运输方式是具有成本效益的。对于给定体积的 CO_2，其在两点之间的运输性能参数是 CO_2 属性（例如压力、温度、压降）和管道参数（例如管道直径、材料强度、长度）的函数。为了调节管道穿越荒凉地形、海拔、城市中心或水路的管道的不切实际的低成本，两点之间的直线距离需乘上 1.17 的系数，以表示更现实的管道距离。

成本评估基于 Wei 等（2016）的技术经济模型和中国石化集团经济技术研究院报告中的经济参数（Zhou，2012）。除了运输规模和管道长度外，CAPEX 还受地理位置和地形因素的影响。本书中使用的位置因子和地形因子的权重分别是 0.8 和 1.0，为中国的平均系数。

确定每台机组成本最低的封存方案

对于每台机组来说，CO_2 运输和封存总成本最低的地点将作为首选封存地。

通过比较数据集中每一组可行的毗连的封存地的成本找到最佳封存方案，且数据集中包含了全部可行组合并可以为改造后的机组提供足够的封存潜力。

本书做出如下假设：

- 与 CCS 改造机组匹配的任何合适的存储地点或地点组（几个相邻的地点），需能够容纳改造机组至少 20 年的 CO_2 捕集总量。
- 改造后的机组将捕集烟气中 90%的 CO_2，由于从涡轮机中抽取部分蒸汽用于捕集设备的运行，电厂的电力产出将会降低。
- 最大运输距离为 1000km（250km 和 800km 的运输成本也将被计算）。
- 假定负荷因子与 2012～2013 年的平均值相同，电厂的设计效率或燃煤类型保持不变。

CO_2 封存地的竞争分析

为了探索封存地间的竞争是否会影响结果，本书进行了模拟，其中没有任何两台发电机组在同一个封存地封存 CO_2。该模拟的目的是为了深入了解竞争影响下 CO_2 运输和封存总成本的增加幅度，以及潜在改造对象因为竞争无法找到封存地而被搁置的可能性。

在本书的分析中，选取了 CEC 中满足 CCS 基本改造标准的电厂。评估了每个封存地 CO_2 运输和封存成本的估算值，并将其输入到包含竞争性、资源约束、成本最小的优化模型中，用于确定哪些改造机组可以选择哪些封存地。优先考虑总成本最低的方案，只要有足够的封存潜力，更高成本的项目也有机会实施。这种方法大致遵循巴特尔（Battelle）CO_2-GIS 空间经济模型（Dahowski，2012）。

为了探究在竞争环境下 CO_2 可能需要增加运输距离或者潜在改造对象无法找到封存地而被搁置的程度，该模型使用了 3 种不同的最大允许运输距离：250km、800km 和 1000km。

参考文献

Dahowski，R. T.，C. L. Davidson，X. C. Li and N. Wei（2012），“A $70/t CO_2 greenhouse gas mitigation backstop for China's industrial and electric power sectors：Insights from a comprehensive CCS cost curve”，*International Journal of Greenhouse Gas Control*，Vol. 11，Elsevier，Amsterdam，pp 73-85.

Dahowski，R.，X. Li，C. Davidson，N. Wei and J. Dooley（2009），*Regional Opportunities for*

Carbon Dioxide Capture and Storage in China: A Comprehensive CO_2 Storage Cost Curve and Analysis of the potential for Large Scale Carbon Dioxide Capture and Storage in the People's Republic of China PNNL-19091, Pacific Northwest National Laboratory, Richland, WA.

Greenhouse Gas Implementing Agreement (GHG IA) (2009), *Development of Storage Coefficients for CO_2 Storage in Deep Saline Formations*, Report No. 2009/13, Greenhouse Gas Implementing Agreement, Cheltenham.

Goodman, A., A. Hakala, G. Bromhal, D. Deel, T. Rodosta, S. Frailey, M. Small, D. Allen, V. Romanov, J. Fazio, N. Huerta, D. McIntyre, B. Kutchko and G. Guthrie (2011), "U. S. DOE methodology for the development of geologic storage potential for carbon dioxide at the national and regional scale", *International Journal of Greenhouse Gas Control*, Vol. 5, Elsevier, Amsterdam, pp. 952-965.

McCoy, S. T. and E. S. Rubin (2009), "The effect of high oil prices on EOR project economics", *Energy Procedia*, Vol. 1, Elsevier, Amsterdam, pp. 4143-4150.

McCoy, S. T. and E. S. Rubin (2008), "An engineering-economic model of pipeline transport of CO_2 with application to carbon capture and storage", *International Journal of Greenhouse Gas Control*, Vol. 2, Elsevier, Amsterdam, pp. 219-229.

National Energy Technology Laboratory (NETL) (2015), *Cost and performance baseline for fossil energy plants supplement: sensitivity to CO_2 capture rate in coal-fired power plants DOE/NETL-*2015/1720, NETL, Pittsburgh.

NETL (2012), *Carbon Utilization and Storage Atlas: The United States* 2012, NETL, Pittsburgh.

NETL (2010), *Best Practices for: Site Screening, Site Selection, and Initial Characterization for Storage of CO_2 in Deep Geologic Formations*, NETL, Pittsburgh.

Wei, N., X. Li, R. T. Dahowski, C. L. Davidson, S. Liu, Y. Zha (2015a), "Economic evaluation on CO_2-EOR of onshore oil fields in China", *International Journal of Greenhouse Gas Control*, Vol. 37, Elsevier, Amsterdam, pp. 170-181.

Wei, N., X. Li, Z. Fang, B. Bai, Q. Li, S. Liu and Y. Jia (2015b), "Regional resource distribution of onshore carbon geological utilization in China", *Journal of CO_2 Utilization*, Vol. 11, Elsevier, Amsterdam, pp. 20-30.

Wei, N., X. Li, Y. Wang, R. T. Dahowski, C. L Davidson, and G. S. Bromhal (2013), "A preliminary sub-basin scale evaluation framework of site suitability for onshore aquifer-based CO_2 storage in China", *International Journal of Greenhouse Gas Control*, Vol. 12, Elsevier, Amsterdam, pp. 231-246.

Zhou, H., Y. Liu, L. Liu, X. Zhang, B. Chen, J. Zhang, J. Lu, and J. Zhang (2012), *Parameter and Data 2012-Sinopec Project Feasibility Study Technical Economy*, Economic and Technology Research Institute, China Petrochemical Group, Beijing.

图书在版编目(CIP)数据

中国燃煤电厂碳捕集与封存（CCS）改造潜力评估/樊静丽，鲍雪译．—北京：冶金工业出版社，2019.11
书名原文：Ready for CCS Retrofit：The Potential for Equipping China's Existing Coal Fleet with Carbon Capture and Storage
ISBN 978-7-5024-8303-6

Ⅰ.①中…　Ⅱ.①樊…　②鲍…　Ⅲ.①燃煤发电厂—二氧化碳—收集—技术改造—评估—中国　②燃煤发电厂—二氧化碳—废物综合利用—技术改造—评估—中国　Ⅳ.①X701.7

中国版本图书馆 CIP 数据核字(2019)第 235142 号

出 版 人　陈玉千
地　　址　北京市东城区嵩祝院北巷 39 号　邮编　100009　电话　(010)64027926
网　　址　www.cnmip.com.cn　电子信箱　yjcbs@cnmip.com.cn
责任编辑　曾　媛　美术编辑　郑小利　版式设计　孙跃红　禹　蕊
责任校对　李　娜　责任印制　李玉山
ISBN 978-7-5024-8303-6
冶金工业出版社出版发行；各地新华书店经销；三河市双峰印刷装订有限公司印刷
2019 年 11 月第 1 版，2019 年 11 月第 1 次印刷
169mm×239mm；6.75 印张；133 千字；99 页
78.00 元

冶金工业出版社　投稿电话　(010)64027932　投稿信箱　tougao@cnmip.com.cn
冶金工业出版社营销中心　电话　(010)64044283　传真　(010)64027893
冶金工业出版社天猫旗舰店　yjgycbs.tmall.com
（本书如有印装质量问题，本社营销中心负责退换）